石油企业岗位练兵手册

采油测试工

（生产测井单位专用）

大庆油田有限责任公司　编

石 油 工 业 出 版 社

图书在版编目（CIP）数据

采油测试工（生产测井单位专用）/大庆油田有限责任公司编.
北京：石油工业出版社，2014.8
（石油企业岗位练兵手册）
ISBN 978-7-5183-0226-0

Ⅰ.采…
Ⅱ.大…
Ⅲ.油气测井-技术手册
Ⅳ.TE151-62

中国版本图书馆CIP数据核字（2014）第134175号

出版发行：石油工业出版社
（北京安定门外安华里2区1号 100011）
网 址：http://pip.cnpc.com.cn
编辑部：（010）64255590 发行部：（010）64523620
经 销：全国新华书店
印 刷：北京中石油彩色印刷有限责任公司

2014年8月第1版 2014年8月第1次印刷
787×1092毫米 开本：1/32 印张：6.375
字数：147千字

定价：18.00元
（如出现印装质量问题，我社发行部负责调换）

《石油企业岗位练兵手册》编委会

本书编写组

组　　长：王桂霞
副 组 长：梁继德
编写组成员：张庆生　史永兵　姜朝波　张连仲
张立广　朱　华　唐绪胜　王光大
潘振宏　丁洪涛　洪仁顺　刘文生
贾光安　孙桂兰　戈　莉　张　蕾
张　彬　吴　洋　尹卓然

前　言

岗位练兵是大庆油田的优良传统，是强化基本功训练、提升员工素质的重要手段。新时期、新形势下，按照全面加强三基工作的有关要求，为进一步强化和规范经常性岗位练兵活动，切实提高基层员工队伍的基本素质，按照“实际、实用、实效”的原则，大庆油田有限责任公司人事部组织编写了《石油企业岗位练兵手册》丛书。围绕提升政治素养和业务技能的要求，本套丛书架构分为基本素养、基础知识、基本技能三部分。基本素养包括企业文化（大庆精神、铁人精神、优良传统）和职业道德等内容，基础知识包括与工种岗位密切相关的专业知识和 HSE 知识等内容，基本技能包括操作技能和常见故障判断处理等内容。本套丛书的编写，严格依据最新行业规范和技术标准，同时充分结合目前专业知识更新、生产设备调整、操作工艺优化等实际情况，具有突出的实用性和规范性的特点，既能作为基层开展岗位练兵、提高业务技能的实用教材，也可以作为员工岗位自学、单位开展技能竞赛的参考资料。

希望本套丛书的出版能够为各石油企业有所借鉴，为持续、深入地抓好基层全员培训工作，不断提升员工队伍整体素质，为实现石油企业科学发展提供人力资源保障。同时，也希望广大读者对本套丛书的修改完善提出宝贵意见，以便今后修订时能更好地规范和丰富其内容，为基层扎实有效地开展岗位练兵活动提供有力支撑。

编　者

2014 年 4 月

目　录

第一部分　基本素养

第二部分 基 础 知 识

第三部分 基本技能

第一部分 基本素养

一、企业文化

（一）名词解释

1. 大庆精神：为国争光、为民族争气的爱国主义精神；独立自主、自力更生的艰苦创业精神；讲究科学、“三老四严”的求实精神；胸怀全局、为国分忧的奉献精神。

2. 铁人精神：“为国分忧、为民族争气”的爱国主义精神；为“早日把中国石油落后的帽子甩到太平洋里去”，“宁肯少活20年，拼命也要拿下大油田”的忘我拼搏精神；为干革命“有条件要上，没有条件创造条件也要上”的艰苦奋斗精神；“要为油田负责一辈子”，“干工作要经得起子孙后代检查”，对技术精益求精，为革命“练一身硬功夫、真本事”的科学求实精神；“甘愿为党和人民当一辈子老黄牛”，不计名利，不计报酬，埋头苦干的奉献精神。

3. 三超精神：超越权威，超越前人，超越自我。

4. 艰苦奋斗的六个传家宝：“人拉肩扛”精神，“干打垒”精神，“五把铁锹闹革命”精神，“缝补厂”精神，“回收队”精神，“修旧利废”精神。

5. 三要十不：要甩掉我国石油落后的帽子，要高速度、高水平地拿下大油田，要赶超世界先进水平，为国争光；不怕苦，不怕死，不为名，不为利，不讲工作条件好坏，不讲工作时间长短，不讲报酬多少，不分职务高低，不分分内分外，不分前线后方，一心为会战的胜利。

6. 三老四严：对待革命事业，要当老实人，说老实话，办老实事；对待工作，要有严格的要求，严密的组织，严肃的态度，严明的纪律。

7. 四个一样：黑天和白天一个样，坏天气和好天气一个样，领导不在场和领导在场一个样，没有人检查和有人检查一个样。

8. 思想政治工作“两手抓”：抓生产从思想入手，抓思想从生产出发。这是大庆正确处理思想政治工作与经济工作关系的基本原则，也是大庆思想政治工作的一条基本经验。

9. 岗位责任制：岗位专责制、交接班制、巡回检查制、设备维修保养制、质量负责制、岗位练兵制、安全生产制、班组经济核算制。

10. 三基工作：以党支部建设为核心的基层建设，以岗位责任制为中心的基础工作，以岗位练兵为主要内容的基本功训练。

11. 四懂三会：懂设备性能、懂结构原理、懂操作要领、懂维护保养；会操作，会保养，会排除故障。

12. 五条要求：人人出手过得硬，事事做到规格化，项项工程质量全优，台台在用设备完好，处处注意勤俭节约。

13. 会战时期“五面红旗”：王进喜、马德仁、段兴枝、薛国邦、朱洪昌。

14. 新时期铁人：王启民。

15. 新时期“五面红旗”：姜传金、赵传利、权贵春、何登龙、王宝江。

16. 新时期“五大标兵”：李新民、冯东波、张书瑞、谢宇新、徐洪霞。

17. 新时期好工人：朴凤元。

18. 大庆新铁人：李新民。

19. 基层建设十面红旗：钢铁1205钻井队、永不卷刃的尖刀1202钻井队、自觉从严好字当头的油建十一中队、严细成风的星火一次变电所、处处体现责任心的西水源、特别能战斗的2287地震队、精细管理的轻烃分馏车间、构建和谐家园的阳光物业客服中心、人人出手过得硬的龙庆所、超值服务的油田114查询台。

20. 基层建设十大标杆：第一采油厂第三油矿中十六联合站、第二采油厂第五作业区采油43队、第三采油厂第二油矿北十五联合站、第三采油厂第一油矿采油206队、第四采油厂第二油矿五区三队、第九采油厂敖古拉采油作业区敖古拉综合采油队、井下作业分公司修井一大队107队、地质录井分公司资料采集一大队海拉尔录井队、勘探开发研究院采收率研究二室、油田建设设计研究院水处理与油田化学研究室。

21. 测试的是井，生产的是资料，检验的是人品：这是测试技术服务分公司在技术服务中的集中体现，人性化、人格化的技术服务提升了测试服务质量，被广大测试员工所认同。在实践中，分公司通过各种载体和手段不断把“测试的是井，生产的是资料，检验的是人品”这一质量意识融入于部员工的思想之中，自觉从各个环节严把质量关，不断提高测试资料的优质率，为用户提供超值服务。坚持用职业道德塑造人，号召员工把每一次测试服务都当作是展示测试品牌形象的一次广告宣传，争做一张大庆测试人的“活名片”；坚持用规章制度约束人，全面推行质量指标一票否决制、测试成果内部交叉验证制度、质量分析例会制，不断强化服务质量意识。坚持用过硬技能培养人，在“三支队伍”建设上下工夫，全面提升员工的业务素质，不断塑造良好的品牌形象。

22. 我是测试人的一张名片：测试技术服务分公司在员工队伍中持续开展“我是测试人的一张名片”教育活动，强调每名员工都是测试员工形象的“代言人”，教育员工找准自身定位，以良好形象占领市场，以优质服务创造效益，逐渐被全体测试员工所认同。在员工中破除了“甲方管井号、乙方管施工”的旧观念，树立了“只有形象好、素质高才能开拓市场”的新观念；破除了“只要安全生产，拿回卡片曲线就行了，还管什么服务不服务”的旧观念，树立了“测试是为油田地质开发服务的，施工就要文明施工、文明服务”的新观念。上标准岗、干优质活儿、上报优质资料成为员工的自觉行动。

23. 更快、更准、更规范：这是测试技术服务分公司对生产一线测试施工队伍提出的服务要求，同时也是对所有属地采油厂的郑重承诺。这个分公司在测试服务中要求施工队伍以最快的速度组织生产，采用科学的施工工艺，为用户录取准确的测试资料，提供精确的解释成果。他们严格遵守这一承诺，在生产施工中做到“五个力求”：在生产准备上力求超前，在施工设计上力求快捷，在组织方式上力求灵活，在资料外报上力求及时，在质量保证上力求全准，为油田持续稳产提供有力的监测技术保证。

（二）问答

1. 简述大庆油田名称的由来。

1959 年 9 月 26 日，建国十周年大庆前夕，位于黑龙江省原肇州县大同镇附近的松基三井喷出了具有工业价值的油流，为了纪念这个大喜大庆的日子，当时黑龙江省委第一书记欧阳钦同志建议将该油田定名为大庆油田。

2. 中共中央何时批准大庆石油会战？

1960 年 2 月 13 日，石油工业部以党组的名义向中共中央、国务院提出了《关于东北松辽地区石油勘探情况和今后工作部署问题的报告》，1960 年 2 月 20 日中共中央正式批准大庆石油会战。

3. 什么是“两论”起家？

1960 年 4 月 10 日，大庆石油会战一开始，会战领导小组就以石油工业部机关党委的名义做出了《关于学习毛泽东同志所著〈实践论〉和〈矛盾论〉的决定》，号召广大会战职工学习毛泽东同志的《实践论》、《矛盾论》和毛泽东同志的其他著作，以马列主义、毛泽东思想指导石油大会战，用辩证唯物主义的立场、观点、方法，认识油田规律，分析和解决会战中遇到的各种问题。广大职工说，我们的会战是靠“两论”起家的。

4. 什么是“两分法”前进？

1964 年，《人民日报》发表了《大庆精神大庆人》长篇通讯。毛泽东同志发出了“工业学大庆”的号召。当时，又正值毛泽东同志发表了《加强相互学习，克服故步自封、骄傲自满》。石油工业部党组根据油田实际抓住时机，及时在全体职工中进行了“两分法”教育。“两分法”的主要内容是：

在任何时候，对任何事情，都要运用“两分法”。成绩越好，形势越好，越要一分为二。要坚持学“两点论”，反对“一点论”，坚持辩证法，反对形而上学，揭矛盾，找差距，戒骄戒躁，不断前进。

5. 简述会战时期“五面红旗”及其具体事迹。

“五面红旗”喻指大庆石油会战初期涌现的五位先进榜样：王进喜、马德仁、段兴枝、薛国邦、朱洪昌。钻井队长王进喜带领队伍人拉肩扛抬钻机，端水打井保开钻，在发生井喷的危急时刻，奋不顾身跳下泥浆池，用身体搅拌泥浆制服井喷；钻井队长马德仁在泥浆泵上水管线冻结时，不畏严寒，破冰下泥浆池，疏通上水管线；钻井队长段兴枝在吊车和拖拉机不足的情况下，利用钻机本身的动力设施，解决了钻机搬家的困难；大庆油田第一个采油队队长薛国邦自制绞车，给第一批油井清蜡，又手持蒸汽管下到油池里化开凝结的原油，保证了大庆油田首次原油外运列车顺利起程；工程队队长朱洪昌在供水管线漏水时，用手捂着漏点，忍着灼烧的疼痛，让焊工焊接裂缝，保证了供水工程提前竣工。

6. 大庆投产的第一口油井和试注成功的第一口水井各是什么？

1960 年 5 月 16 日，大庆第一口油井中 7－11 井投产；1960 年 10 月 18 日，大庆油田第一口注水井 7 排 11 井试注成功。

7. 会战时期讲的“三股气”是指什么？

对一个国家来讲，就要有民气；对一个队伍来讲，就要有士气；对一个人来讲，就要有志气。三股气结合起来，就会形成强大的力量。

8. 什么是“九热一冷”工作法？

“九热一冷”工作法是大庆石油会战中创造的一种领导工作方法，指在一旬中，九天跑基层了解情况，一天坐下来分析研究工作中的经验教训。

9. 什么是“三一”、“四到”、“五报”交接法？

对重要的生产部位要一点一点地交接、对主要的生产数据要一个一个地交接、对主要的生产工具要一件一件地交接；交接班时应该看到的要看到、应该听到的要听到、应该摸到的要摸到、应该闻到的要闻到；交接班时报检查部位、报部件名称、报生产状况、报存在的问题、报采取的措施，开好交接班会议，会议记录必须规范完整。

10. 大庆油田原油年产 5000 万吨以上持续稳产的时间是哪年？

1976 年至 2002 年，大庆油田实现原油年产 5000 万吨以上连续 27 年高产稳产，创造了世界同类油田开发史上的奇迹。

11. 简述大庆油田三次获得国家科学技术进步特等奖的情况。

1985 年，“大庆油田长期高产稳产的注水开发技术”获国家科技进步特等奖；1996 年，“高含水期稳油控水系统工程”获国家科技进步特等奖；2011 年，“大庆油田高含水后期 4000 万吨以上持续稳产高效勘探开发技术”获得国家科技进步特等奖。

12. 中国石油天然气集团公司核心经营管理理念是什么？

诚信：立诚守信，言真行实；创新：与时俱进，开拓创新；业绩：业绩至上，创造卓越；和谐：团结协作，营造和谐；安全：以人为本，安全第一。

13. 中国石油天然气集团公司企业精神是什么?

爱国:爱岗敬业,产业报国,持续发展,为增强综合国力作贡献。创业:艰苦奋斗,锐意进取,创业永恒,始终不渝地追求一流。求实:讲求科学,实事求是,“三老四严”,不断提高管理水平和科技水平。奉献:职工奉献企业,企业回报社会、回报客户、回报职工、回报投资者。

14. 大庆油田科技理念是什么?

资源有限,科技无限。

15. 大庆油田社会理念是什么?

大庆油田为祖国加油。

16. 大庆油田人才理念是什么?

发展的企业为人才的发展提供广阔的平台,发展的人才为企业的发展创造无限的空间。

17. 大庆油田质量理念是什么?

用大庆精神保证质量,用“三老四严”取信用户。

二、发展纲要

(一)名词解释

1. 三大战略任务: 原油持续稳产、整体协调发展、构建和谐矿区。

2. 四稳一传承: 确保原油持续稳产,推进相关产业稳步发展,保持矿区环境持续稳定,稳步推进体制机制创新,传承发扬大庆精神、铁人精神。

3. 四重: 大庆的地位重、历史的荣誉重、肩负的责任重、发展的任务重。

4. 五大挑战：油田发展面临着资源接替、稳产效益、优化结构、经济质量、发展空间问题的挑战。

5. 六大优势：油田发展已具备完整的业务体系，有一定的资源储备，有系统配套的领先技术，有享誉中外的大庆品牌，有良好的发展环境的优势。

6. 五大基地：就是要把大庆建成全国重要的油气生产基地、石油化工基地、油化科技创新基地、工程技术服务基地和装备制造基地。

7. 八个大庆：就是要把大庆打造成政治大庆、经济大庆、社会大庆、精神大庆、科技大庆、开放大庆、和谐大庆、发展大庆。

8. 三种意识：整体意识、推进意识、责任意识。

9. 五种境界：讲觉悟、强能力、有胸怀、宽眼界、重自律。

10. 五讲五重：讲大局重事业、讲责任重落实、讲发展重实干、讲学习重创新、讲廉洁重自律。

11. 三个建设：建设一个资源探明率最大、油田采收率最高、分阶段持续稳产，在国家能源布局中始终保持重要地位的百年油田。建设一个面向全球、面向未来，技术水平和综合实力赶超国际一流，在中国石油综合性国际能源公司战略中发挥重要作用，在海外油气资源勘探开发领域具有强劲竞争力的能源企业。建设一个发展和谐、环境和谐、人企和谐，始终走在全面建设小康社会前列的现代企业。

12. 四个保持：保持油田开发的领先水平，保持经济贡献的稳定增长，保持精神品牌的历久弥新，保持大庆红旗的政治地位。

（二）问答

1. 大庆油田50年取得的辉煌成就有哪些?

建成了我国最大的石油生产基地，擎起了我国工业战线的一面旗帜，创造了世界领先的油田开发水平，促进了区域经济社会的繁荣发展，打造了一支过硬的铁人式职工队伍，孕育形成了大庆精神、铁人精神。

2. “珍惜荣誉、高举旗帜、开创未来、永续辉煌”的重要意义是什么?

“珍惜荣誉、高举旗帜、开创未来、永续辉煌”是大庆油田科学发展的战略定位，是当代大庆人面向未来的使命与宣言。

3. “八大业务板块”及发展定位是什么?

集中发展油气勘探开发业务、重点发展工程技术服务业务、积极发展工程建设业务、大力发展装备制造业务、专业化发展石油化工业务、配套发展生产保障业务、协调发展矿区服务业务、有效发展多种经营及其他业务。

4. 优化“九个结构”的具体内容是什么?

优化产量结构、优化业务结构、优化投资结构、优化成本结构、优化资产结构、优化市场结构、优化组织结构、优化队伍结构、优化分配结构。

5. 加强安全环保工作的要求是什么?

坚持“干部责任要落实，重大隐患要根除，关键环节要受控，要害岗位要专责，企业管理要规范，安全意识要提高”，切实加强安全环保工作。

6. 企业维稳工作的要求是什么?

坚持“照顾离退休老同志，关爱下岗人员，关心弱势群

体，关注低收入家庭，消除绝对贫困”，努力维护企业稳定。

7. 新时期新阶段三基工作的基本内涵是什么？

基层建设、基础工作、基本素质。基层建设是以党建、班子建设为主要内容的基层组织和队伍建设，是企业发展的重要保障；基础工作是以质量、计量、标准化、制度、流程等为主要内容的基础性管理，是企业管理的重要着力点；基本素质是以政治素养和业务技能为主要内容的员工素质与能力，是企业综合实力的重要体现。

8. “十二五”时期，中国石油天然气集团公司全面推进三基工作新的重大工程的总体思路是什么？

以科学发展观为指导，紧紧围绕建设综合性国际能源公司战略目标，突出主题主线主旨，坚持以人为本、公平效率，坚持求真务实、与时俱进，更加注重制度的建设和执行，更加注重流程的规范和控制，更加注重管理的绩效和创新，全面提升基层建设、基础管理水平和员工基本素质，为实现集团公司可持续发展奠定坚实基础。

9. 中国石油天然气集团公司全面推进三基工作新的重大工程的主要目标是什么？

基层组织坚强有力，基础管理科学规范，基本素质整体优良，HSE 业绩显著提升，发展环境和谐稳定，服务型机关建设成效显著。

三、职业道德

（一）名词解释

1. 道德：是调节个人与自我、他人、社会和自然界之间关系的行为规范的总和。

2. 职业道德：同人们的职业活动紧密联系的、符合职业特点要求的道德准则、道德情操与道德品质的总和。

3. 爱岗敬业：爱岗就是热爱自己的工作岗位，热爱自己从事的职业；敬业就是以恭敬、严肃、负责的态度对待工作，一丝不苟，兢兢业业，专心致志。

4. 诚实守信：诚实就是真心诚意，实事求是，不虚假，不欺诈；守信就是遵守承诺，讲究信用，注重质量和信誉。

5. 劳动纪律：用人单位为形成和维持生产经营秩序，保证劳动合同得以履行，要求全体员工在集体劳动、工作、生活过程中，以及与劳动、工作紧密相关的其他过程中必须共同遵守的规则。

（二）问答

1. 社会主义精神文明建设的根本任务是什么？

适应社会主义现代化建设的需要，培育有理想、有道德、有文化、有纪律的社会主义公民，提高整个中华民族的思想道德素质和科学文化素质。

2. 我国社会主义思想道德建设的基本要求是什么？

爱祖国、爱人民、爱劳动、爱科学、爱社会主义。

3. 为什么要遵守职业道德？

职业道德是社会道德体系的重要组成部分，它一方面具有社会道德的一般作用，另一方面它又具有自身的特殊作用，具体表现在：（1）调节职业交往中从业人员内部以及从业人员与服务对象间的关系。（2）有助于维护和提高本行业的信誉。（3）促进本行业的发展。（4）有助于提高全社会的道德水平。

4. 爱岗敬业的基本要求是什么?

(1)要乐业。乐业就是从内心里热爱并热心于自己所从事的职业和岗位，把干好工作当作最快乐的事，做到其乐融融。(2)要勤业。勤业是指忠于职守，认真负责，刻苦勤奋，不懈努力。(3)要精业。精业是指对本职工作业务纯熟，精益求精，力求使自己的技能不断提高，使自己的工作成果尽善尽美，不断地有所进步、有所发明、有所创造。

5. 诚实守信的基本要求是什么?

要诚信无欺，要讲究质量，要信守合同。

6. 职业纪律的重要性是什么?

职业纪律影响到企业的形象，职业纪律关系到企业的成败，遵守职业纪律是企业选择员工的重要标准，遵守职业纪律关系到员工个人事业的成功与发展。

7. 合作的重要性是什么?

合作是企业生产经营顺利进行的内在要求，是从业人员汲取智慧和力量的重要手段，是打造优秀团队的有效途径。

8. 奉献的重要性是什么?

奉献是企业发展的保障，是从业人员履行职业责任的必由之路，有助于创造良好的工作环境，是从业人员实现职业理想的途径。

9. 奉献的基本要求是什么?

(1)尽职尽责。要明确岗位职责，要培养职责情感，要全力以赴工作。(2)尊重集体。以企业利益为重，正确对待个人利益，要树立职业理想。(3)为人民服务。树立为人民服务的意识，培育为人民服务的荣誉感，提高为人民服务的本领。

10. 企业员工应具备的职业素养是什么?

诚实守信、爱岗敬业、团结互助、文明礼貌、办事公道、勤劳节俭、开拓创新。

11. 培养"四有"职工队伍的主要内容是什么?

有理想、有道德、有文化、有纪律。

12. 如何做到团结互助?

(1)具备强烈的归属感。(2)参与和分享。(3)平等尊重。(4)信任。(5)协同合作。(6)顾全大局。

13. 职业道德行为养成的途径和方法是什么?

(1)在日常生活中培养。从小事做起,严格遵守行为规范;从自我做起,自觉养成良好习惯。(2)在专业学习中训练。增强职业意识,遵守职业规范;重视技能训练,提高职业素养。(3)在社会实践中体验。参加社会实践,培养职业道德;学做结合,知行统一。(4)在自我修养中提高。体验生活,经常进行"内省";学习榜样,努力做到"慎独"。(5)在职业活动中强化。将职业道德知识内化为信念;将职业道德信念外化为行为。

14. 中国石油天然气集团公司员工职业道德规范具体内容是什么?

(1)遵守公司经营业务所在地的法律、法规。(2)认真践行公司精神、宗旨及核心经营管理理念。(3)遵守公司章程,诚实守信,忠诚于公司。(4)继承弘扬大庆精神、铁人精神和中国石油优良传统作风。(5)认真履行岗位职责。(6)坚持公平公正。(7)保护公司资产并用于合法目的。(8)禁止参与可能导致与公司有利益冲突的活动。

15. 对违纪员工的处理原则是什么？

（1）教育为主、惩罚为辅。（2）区别情节、分类对待。（3）实事求是、依法处理。

16. 对员工的奖励包括哪几种？

记功、记大功，晋级，通令嘉奖，授予先进生产（工作）者、劳动模范等荣誉称号。在给予上述奖励时，可以发给一次性奖金。

17. 对员工的行政处分包括哪几种？

警告、记过、记大过、降级、撤职、留用察看、开除。在给予上述行政处分的同时，可以给予一次性罚款。

18. 可给予员工除名的条件是什么？

《企业员工奖惩条例》第18条规定：员工无正当理由经常旷工，经批评教育无效，连续旷工时间超过15天，或者一年以内累计旷工时间超过30天的，企业有权予以除名。

19. 员工在留用察看期间违纪是否可以开除或除名？

留用察看期满后，表现好的，恢复为正式员工，表现不好的予以开除。但是，如果员工在留用察看期间又严重违反劳动纪律，符合《企业员工奖惩条例》给予开除或除名处理规定的，企业可以依据有关规定予以处理。

20. 《中国石油天然气集团公司反违章禁令》有哪些规定？

为进一步规范员工安全行为，防止和杜绝“三违”现象，保障员工生命安全和企业生产经营的顺利进行，特制定本禁令。

一、严禁特种作业无有效操作证人员上岗操作；

二、严禁违反操作规程操作；

三、严禁无票证从事危险作业；

四、严禁脱岗、睡岗和酒后上岗；

五、严禁违反规定运输民爆物品、放射源和危险化学品；

六、严禁违章指挥、强令他人违章作业。

员工违反上述禁令，给予行政处分；造成事故的，解除劳动合同。

第二部分　基础知识

一、专业知识

（一）名词解释

1. 试井： 试井是以渗流力学为基础，以各种测试仪表为手段，通过对油、气、水井生产动态的监测，来研究油层各种物理参数和油、气、水井的生产能力，为加深对油层的认识、制订合理开发方案和措施而提供依据的方法。

2. 稳定试井： 稳定试井是通过某种测试和分析程序预测地层产能大小，通常由井的稳定流量与压差的关系表示。

3. 不稳定试井： 不稳定试井是根据弹性不稳定渗流理论，利用实测的井底压力资料，经过适当的数学处理，以获得该井排驱面积范围内的油层参数与有关的地质特征信息的技术。

4. 压力恢复试井： 压力恢复试井是不稳定试井中较常用的一种方法，可用于油井、气井和注水井。试井时将原先以某一工作制度生产的油井、气井关井，使井底压力逐步恢复，用井下压力计测量井底压力随时间的恢复值。

5. 压力降落试井： 试井时，将关闭较长时间的井以某一稳定流量开井生产，用井下压力计记录井底压力随时间的降落值。

6. 探测液面法试井： 通过探测液面高度随时间的变化，再把液面高度换算成井底压力，即可获得压力降落或压力恢复的试井资料。这是在没有自喷能力的井中常用的一种试井方法。

7. 探边测试： 指用较长的测试时间，使流体达到拟稳定流状态，以获得拟稳定压力降落数据的一种压力降落试井方法。

8. 脉冲试井： 试井时周期性地改变激动井（脉冲井）的生产状态（开井与关井），使其产生一系列短时压力脉冲，用高灵敏度的压力计连续记录反映井由压力脉冲引起的压力变化，这种试井就称为脉冲试井。

9. 激动井： 在进行多井试井时，人为地改变井的工作制度，以便对相邻井造成干扰，此井称为激动井。

10. 反映井： 在进行多井试井时，位于激动井周围，用来观测激动井改变工作制度所造成的井底压力变化的井称为反映井。

11. 干扰试井： 是指试井时通过改变激动井的工作制度（反复开关井操作），使周围反映井的井底压力发生变化，并用高灵敏度的压力计连续记录下来，然后根据这些测试资料来确定地层的连通方向和断层的封闭程度，求出井间地层的流动系数、导压系数等参数。

12. 系统试井： 主要测定油、气井的产能。产能试井一般包括：常规回压试井、稳定试井、等时试井和修正等时试井等。

13. 分层测试： 利用井下仪器与井下分隔油层的装置或工

具相配合，从而取得分层压力及分层注水量、产量、含水和温度等同一井中不同油层资料的测试方法。

14. 测试半径：在一口井上，若使用一脉冲（瞬间注入或采出某一体积流体）引起压力反应，该脉冲的压力反应离井的距离即称为测试半径。

15. 封闭边界：在油藏的边界上，无液体通过称为封闭边界。

16. 不稳定早期：压力传到边界之前，即井底压力不受油藏边界影响的时期，称为不稳定早期。

17. 注水井：油田开采过程中，为了补充油层能量，用来向油层注水的井称为注水井。

18. 生产井：用来开采油、气而钻的井称为生产井。

19. 井网：油、气、水井在油（气）田上的排列和分布称为井网。

20. 开发方式：依靠哪种能量驱油开发油田称为开发方式，分为依靠天然能量驱油和人工补给能量驱油两种方式。

21. 注水方式：指注水井在油田上的分布及注水井与油井的比例关系和排列形式。注水方式的选择直接影响油田的采油速度、稳产年限、水驱效果以及最终采收率。

22. 笼统注水：在同一注水压力下，不分层段，采用光油管注水的方式称为笼统注水。

23. 分层注水：根据油层性质的特点，把性质相近的注水井各油层合为一个注水层段，然后用封隔器把各个层段分隔开，根据不同的吸水能力，装配不同直径的井下水嘴控制注水量，即为分层注水。

24. 分层注水测试率：实际分层测试井数与分注井总井数之比（百分数）。

25. 分层注水合格率：注水合格层段数与减去停注层时分层总层段数之比（百分数）。

26. 视流量：分层测试曲线上，每个停测点上所显示出的流量称为视流量。

27. 视流压：分层测试曲线上，每个停测点上所显示出的压力称为视流压。

28. 油压：原油从井底流到井口后的剩余压力称为油压。

29. 套压：油套环形空间内，油和气的剩余压力称为套压。

30. 回压：通常所说的回压是指干线回压，它是出油干线的压力对井口油管压力的一种反压力。

31. 管损：注水井管线及油管内的沿程压力损失称为管损。

32. 嘴损：注入水通过水嘴时产生的压力损失称为嘴损。

33. 流压：油井正常生产时所测得的油层中部压力称为流压。

34. 流压梯度：正常生产时，每米（或100m）液柱所产生的压力称为流压梯度。

35. 静压：静压是指油井投入正式生产后，利用短期关井，井底压力不断上升，待压力恢复到稳定时所测得的油层中部压力。

36. 静压梯度：静压梯度是指油井关井后井底压力恢复到稳定时每米液柱所产生的压力。

37. 示功图：示功图是利用示功仪在抽油机一个抽汲周期内所测取的封闭曲线。它能够了解深井泵的工作状况。

38. 动液面：抽油机井生产稳定时，利用回声仪测得油套

环形空间内液面到井口的距离为动液面。

39. 静液面：抽油机井关井后，油套环形空间内的液面高度不断上升，待上升到一定高度稳定下来，套压也无变化，这时所测得的油套环形空间内的液面至井口的距离为静液面。

40. 原始地层压力：油田未投入开发时，在最初探井中所测得的油层中部压力称为原始地层压力。

41. 静水柱压力：从井口到油层中部深度水柱所产生的压力称为静水柱压力。

42. 饱和压力：溶解在原油中的天然气刚刚开始分离出来的压力称为饱和压力。

43. 破裂压力：破裂压力指油、气层岩石开始产生裂缝时的井底压力。

44. 基准面压力：由于油层深度不同，压力也不相同，为了正确地对比井与井之间压力的高低，把所有的井都折算到同一海拔高度来比较，这一相同海拔高度的压力称为基准面压力。

45. 生产压差：目前地层压力与流动压力的差值称为生产压差。

46. 注水压差：指注水井注水时井底流压与地层压力之差。注水压差是控制注水井注水量的重要因素，要根据生产需要不断进行调整。

47. 总压差：目前地层压力与原始地层压力的差值。

48. 续流：油井地面关井后，井下仍有油流从地层中继续流入井眼，这种现象称为续流，表示井筒对储存或排空流体能力的特性。

49. 稳定流：井底压力和流量与时间无关的渗流。

50. 达西定律：流体流经岩石时，流量与渗透率、横截面积、压差成正比，与黏度、流经距离成反比。

51. 渗透率：在一定的压差条件下，岩石能让液体通过的能力称为渗透性，渗透性的好坏用渗透率表示。

52. 孔隙度：油层岩石中孔隙体积与岩石总体积的比值称为孔隙度，它是衡量孔隙性好坏的重要指标。

53. 有效孔隙度：有效孔隙度是指油层岩石中那些相互连通的，且在一定压力条件下允许流体在其中流动的孔隙体积与油层岩石总体积的比值。

54. 有效厚度：具有出油的能力，并且在目前技术条件下能够开采的油层厚度。

55. 地层系数：表示油井产能大小的参数，它是地层有效渗透率 K 与有效厚度 h 的乘积，即 Kh。

56. 压力系数：原始地层压力与静水柱压力之比。

57. 体积系数：质量相等的地下原油体积与地面脱气后原油体积之比。

58. 表皮系数：由于钻井、完井、作业或采取增产措施，使井底附近地层的渗透率变差或变好，从而引起附加流动压力的效应称为表皮效应。表示表皮效应大小的无因次参数称为表皮系数。

59. 流动系数：表示流体在地层中流动难易程度的参数。

60. 压缩系数：单位体积原油在压力增减 0.1MPa 下，原油体积收缩或膨胀的程度。

61. 溶解系数：在一定温度下，压力每增加 0.1MPa 时，单位体积原油中所溶解天然气的量，单位为 $m^3/(m^3 \cdot MPa)$。

62. 采油指数：单位压差下的日采油量。

63. 吸水指数：单位注水压差下的日注水量。

64. 注采平衡： 油田注入剂的地下体积与采出液量的地下体积相等。

65. 注水强度： 单位有效厚度的日注水量。

66. 限制层： 限制层是指对高含水层、高压油层限制注水，以减小层间矛盾。

67. 加强层： 加强层是指对低渗透油层、低含水油层、注水未见效层以及低压层加强注水，以提高它的出油能力，充分发挥这类油层的潜力。

68. 单层突进： 非均质多油层油田，各小层渗透率差别很大，注入水沿高渗透层推进速度快，这种现象称为单层突进。

69. 局部舌进： 小层内部在平面上存在非均质性，各部位渗透率差别大，造成注入水的推进速度不一致，沿高渗透带推进快，这种现象称为舌进。

70. 层间矛盾： 非均质、多油层油田开发，由于层与层之间的渗透率存在着差异，注水开发后，在吸水能力、水线推进速度、地层压力、采油速度、水淹状况等方面，层与层之间产生了差异，这种差异称为层间矛盾。

71. 平面矛盾： 一个油层在平面上由于渗透率不同，连通性不同，使井网对油层控制情况也不同，注水后水线在一个方向上的推进速度也有快有慢，促成同一油层井之间含水、产量、压力均不相同，这就构成了同一油层各井之间的差异，这种差异称为平面矛盾。

72. 层内矛盾： 在一个油层内部，由于组成油砂体颗粒有大有小，渗透性也不相同，注水后注入水沿阻力小的高渗透带突进，再加上地下油水黏度、表面张力、岩石表面性质的差异，便形成了层内矛盾。

73. 人工井底： 油井固井完成后，留在套管内最下部的一段水泥塞的顶面称为人工井底。

74. 油补距：从油管悬挂器平面到转盘补心的距离称为油补距。下井工具深度为下井工具长度加上油补距。

75. 套补距：从套管最末一个接箍上平面到转盘补心的距离。

76. 封隔器：在井筒内，密封井内的工作管柱与井筒内壁环形空间的封隔工具称为封隔器。

77. 原油凝点：原油冷却到失去流动性时的温度称为原油凝点。

78. 精度：精度指在同一外界条件下，对同一物理量做多次独立测量时，各次测量值的重复性。它与随机误差大小成反比关系。

79. 井身结构：井身结构指一口井内下入套管层数、套管直径、下入深度、相应井段的钻头直径、各层套管外水泥浆上返高度（深度）、射孔井段等的总称。

（二）问答

1. 试井有哪些方法？

试井方法有稳定试井和不稳定试井。

2. 试井有什么用途？

（1）计算地层参数。（2）计算地层压力。（3）探测油气边界、油水边界，计算油气井的泄油半径，确定断层位置等。（4）计算油藏储量。（5）了解井间连通情况及水动力系统情况。（6）了解油井和油田的生产能力，确定合理的油井工作制度。（7）了解油层温度及分布规律。（8）了解油层油、气、水的特征。（9）检查与判断油、气、水井增产措施效果。（10）检查和判断井下工具的工作状况。

3. 试井常录取的资料有哪些?

有流压、静压、压力恢复（或降落）曲线、动液面、静液面、液面恢复曲线、井下及地面流量、分层产量、分层压力、分层取样、深井取样、高压物性取样、井下温度、井下砂面探测、井下封隔器密封性检查及抽油井示功图等。

4. 试井资料可以解决哪些问题?

（1）利用油井指示曲线，求油井采油指数。（2）确定油层有关参数，包括地层流动系数、有效渗透率等。（3）确定油井的合理工作制度。（4）确定地层压力及压力系统。（5）研究注水井的吸水能力。（6）计算分析地层的参数（静压、流压、流动系数、有效渗透率、导压系数、井底污染程度、完善程度等）。（7）判断油水边界情况。

5. 稳定试井有什么用途?

在油田投入开发以前的试采阶段，常用稳定试井法确定油层的产能和合理工作制度，了解油井生产压差与产量之间的关系。在注水开发的油田中常用此法获取注水井生产压差与注水量的关系曲线，分析地层吸水状况，选配合理的工作制度。在分层采油井上，各开采层合理工作制度的选择也常用稳定试井法。

6. 怎样进行稳定试井?

（1）按由小到大的次序改变油井工作制度，一般应改变四个制度。（2）当井底压力稳定时，测取不同工作制度下的产量、压力、气油比、油水比和出砂情况等有关资料。（3）将录取的资料绘成指示曲线。（4）根据指示曲线和油流方程式求出有关油井的采油指数和其他地层参数，进而确定油井的合理工作制度。

7. 不稳定试井有什么用途?

利用不稳定试井资料能解决下述问题：（1）确定油层压力及分布。（2）确定地层的各项参数，如流动系数、地层系数等。（3）判断油层各种边界位置，如油水界面、断层位置、地层尖灭等。（4）判断油水井增产措施效果。（5）了解油水井井下工具的工作状况。（6）了解油层温度变化及分布规律。（7）估算油气藏边界及单井控制储量。

8. 什么是常规试井解释?

采用均质径向流油层模型和传统的单对数坐标系，将已知的压力和时间的关系采用霍纳法、MDH 法处理，从而求解地层参数和地层压力的方法称为常规试井解释。

9. 油藏的驱动能量有哪些?

油藏的驱动能量有五种：（1）边水或底水压头。（2）气顶压头。（3）溶解气。（4）流体和岩石的弹性。（5）石油的重力。

10. 分层测试有什么意义?

分层测试是了解同一井内各油层层间差异的最好方法，是实现分层研究、分层改造和分层管理的重要前提，是油井调整挖潜的重要环节。

11. 什么是指示曲线？什么是稳定试井曲线?

根据稳定试井测得的油、气、水井产量或注入量与生产压差关系做出的曲线称为指示曲线。油井稳定试井时，每个工作制度都要取得油、气、水产量及流压、油压、套压、井温、含砂量等资料，用这些资料绘制的曲线称为稳定试井曲线。测指示曲线属稳定试井。

12. 注水井分层指示曲线的作用是什么?

(1) 反映地层吸水能力变化，为分层配水提供依据。(2) 反映地层压力的回升情况。(3) 检验封隔器的密封情况。(4) 反映注水井井底干净程度。(5) 能够发现套管外窜槽现象。

13. 井身结构由什么组成? 井身结构中各组分的作用是什么?

井身结构是指一口井内下入套管层数、套管直径、下入深度、相应井段的钻头直径、各层套管外水泥浆上返高度(深度)、射孔井段等的总称。

井身结构主要是由下入井内的各类套管（导管、表层套管、技术套管、油层套管）及各层套管外的水泥环组成。

井身结构中各组成部分的作用:

(1) 导管，在井身结构中下入的第一层套管为导管。导管的作用主要是建立开钻的钻井液循环系统，钻井时是否下入导管要依据地表层的坚硬程度与结构状态来确定。下入导管的深度一般取决于地表层的深度，通常导管下入深度为2～40m。

(2) 表层套管，在井身结构中下入的第二层套管为表层套管。表层套管的作用是封隔上部松软地层和水层，加固上部疏松岩层的井壁，还可供井口安装封井器用。下入深度几十米到几百米，管外水泥返至地面。

(3) 技术套管，在表层套管和生产套管之间，用来封隔表层套管以下的较复杂的地层，如高压水层、气层、漏失层或坍塌层。

(4) 油层套管，用来封隔油、气、水层，建立一条封固严密的永久性通道，下入的深度一般应超过油层底界30m以上。

井身结构如图1所示。

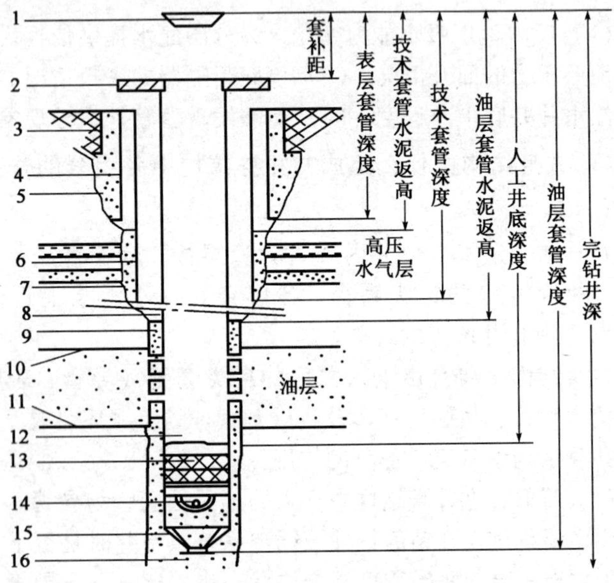

图1　井身结构示意图

1—方补心；2—套管头；3—导管；4—表层套管；5—表层套管水泥环；6—技术套管；7—技术套管水泥环；8—油层套管；9—油层套管水泥环；10—油层上线；11—油层下线；12—人工井度；13—胶木塞；14—承托环；15—套管鞋；16—完钻井底

14. 封隔器的作用是什么？基本参数有哪些？

封隔器的主要元件是胶皮筒，通过水力或机械的作用，使胶皮筒膨胀密封油、套环形空间，把上、下油层分隔开，达到某种施工目的。

封隔器的基本参数包括工作压力、工作温度、钢体最大外径和钢体的通径四个基本参数。

15. 封隔器的分类有哪些？封隔器型号的编制有哪些规定？

我国目前各油田所使用的封隔器型式很多，一般按照其封隔件（密封胶筒）的工作原理不同，可分为自封式（靠封隔件外径与套管内径的过盈和压差来实现密封）、压缩式（靠轴向力压缩封隔件，使封隔件直径变大以实现密封）、楔入式（靠楔入件楔入封隔件，使封隔件直径变大以实现密封）和扩张式（靠一定压力的流体作用于封隔件的内腔，使封隔件直径扩大以实现密封）四种类型。

封隔器型号编制的基本方法是按封隔件分类代号、封隔器支撑方式、坐封方式、解封方式及封隔器钢体最大外径五个参数依次排列而成的。其型号的编制应符合图2的规定。

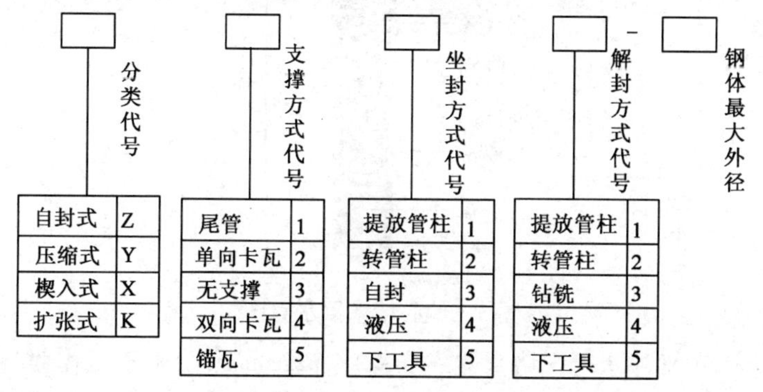

图2 封隔器型号编制示意图

其中分类代号是用分类名称的第一个汉字拼音大写字母表示。支撑方式、坐封方式和解封方式均用阿拉伯数字表示。钢体最大外径则用实际尺寸的阿拉伯数字表示，单位为mm。封隔器的特殊用途可以加到封隔器型号的后面。例如，Y211－

114 型封隔器表示该封隔器封隔件的工作原理为压缩式、单向卡瓦支撑、提放管柱坐封，提放管柱解封，钢体最大外径为 114mm；KY344－114 型高压封隔器表示该封隔器有工作原理为扩张式和压缩式两种封隔件、无支撑、液压坐封，（解除）液压解封、钢体最大外径为 114mm 的适用高压情况下（如深井压裂）的封隔器。

16. 注水井偏心堵塞器结构及工作原理是什么?

结构主要由主体、打捞杆、压盖、支撑座、凸轮、密封段、出液孔、水嘴、液网罩（滤网）组成（图3）。

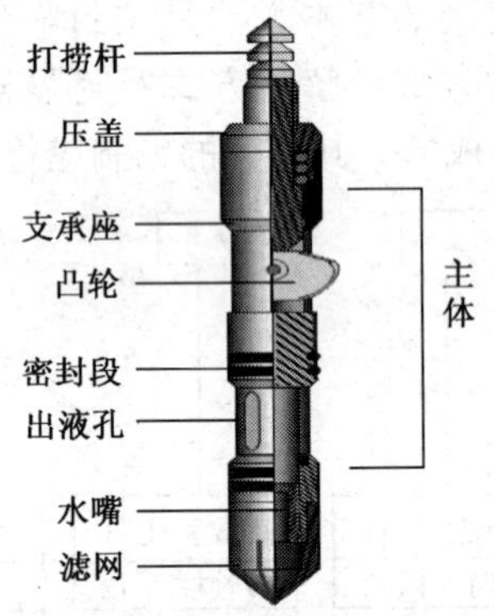

图 3　偏心堵塞器示意图

正常注水时，堵塞器靠支撑座 ϕ22mm 台阶坐于工作筒导体的偏心孔上，凸轮卡于偏孔上部扩孔处。密封段上、下各有两道 O 形密封圈，将工作筒偏心孔上下封死，注入水经堵塞器滤网、水嘴、密封段的出液槽，经偏心孔注入油层。

17. 普通式偏心分注管柱的结构及特点是什么?

此种管柱主要由油管、偏心配水器、封隔器、球座或丝堵组合而成（图4）。

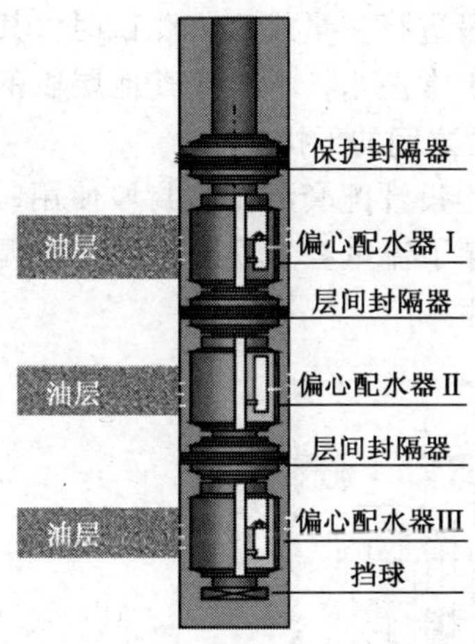

图4　普通式偏心分注管柱示意图

普通式偏心分注管柱的特点：此种管柱是利用封隔器将全井各注水层段分隔开，配水器可对多层分注井实行分层配注，用钢丝投捞配水器中的堵塞器更换水嘴来实现各层段注水量的调整要求。实现在不动管柱情况下任意调换井下水嘴和进行分层测试，测试层段的注水量时不影响其他层段的注水。此种管柱坐封方便，解封容易便于洗井，可多级使用。

18. 桥式偏心分层注水管柱的结构是什么？测试工艺有哪些优点？

桥式偏心分层注水管柱主要由油管、Y341－114型封隔器（或Y341－114型可洗井封隔器）、桥式偏心配水器及球座等组成（图5）。

测试工艺的优点：

（1）桥式偏心配水器的主体设计有主通道、多个旁通孔和一个安装堵塞器的偏孔，可以多级使用。

（2）在本层段进行流量或压力测试时，其他层段依然可以通过桥式通道正常注水，不改变其他层段的工作状态，最大限度地减小各层之间的干扰。

（3）这种结构设计配套测试密封段使用，实现单层流量及压力测试，消除了流量叠加误差，能有效提高分层流量及压力测试的准确性。

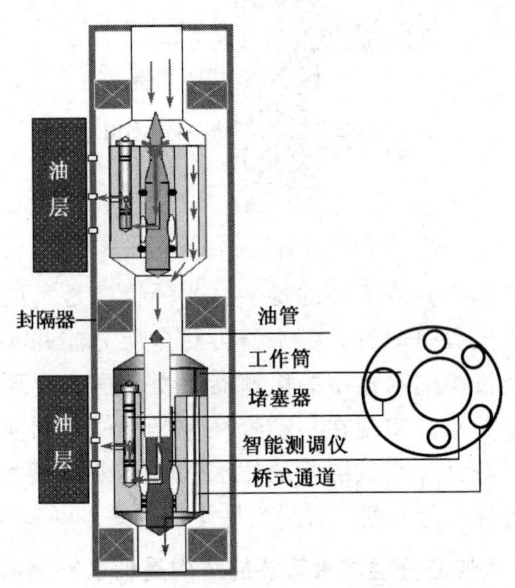

图5　桥式偏心分层注水管柱示意图

19. 偏心集成式分注管柱的工作原理是什么?

正常注水时，配水器的主通道与桥式通道同时过水，向油层补充能量。测试时，主通道被密封段坐封，只有该层段的水经流量计、配水器过水孔，通过堵塞器水嘴，由上部的过流孔进入油套环形空间，进入油层。而下面层段的注水由桥式通道过流。测试、注水互不干扰。工作原理如图6所示。

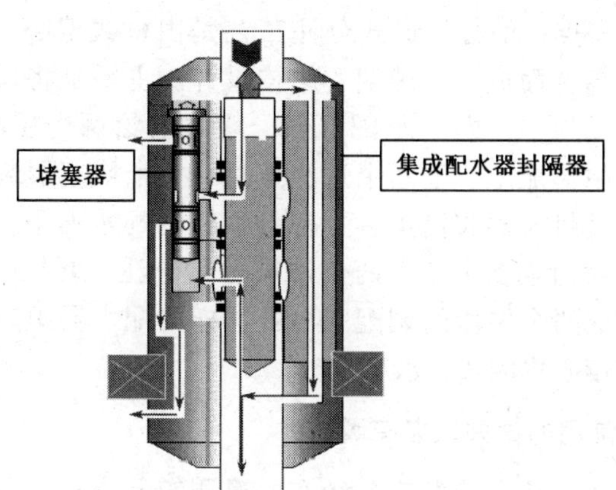

图 6　偏心集成式分注管柱注入示意图

20. 偏心集成式分注管柱的结构及工艺特点是什么?

结构组成：油管、井下封隔器、井下配水封隔器、集成式配水堵塞器（图 7)、球座等组成。

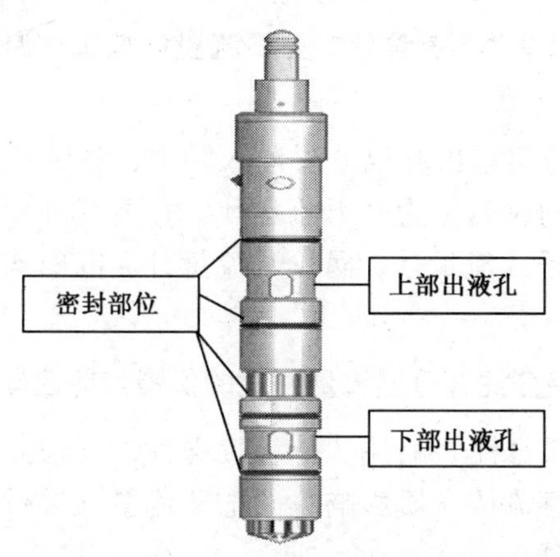

图 7　集成式配水堵塞器示意图

工艺特点：偏心集成式分注工艺是由桥式偏心、同心集成式工艺结合而成，采用偏心结构设计。主要是将封隔器与配水器合二为一，即一个配水器、堵塞器给两个层段配水。在配水器中形成上、下两个过流通道，一个堵塞器装有两个水嘴。通过封隔器胶筒上、下各自独立的配水通道，利用一个堵塞器对封隔器上、下两个油层进行分注。调配时，投捞一次，完成两个层段的调配。再由这样的配水器组成的注水工艺就是偏心集成式注水工艺。

21. 常用的试井设备有哪些?

试井车、综合诊断车、绞车、遥测车、校验设备和标定设备。

22. 常用的试井仪器有哪些?

井下压力计、井下产（流）量计、井下温度计、井下取样器、液面自动监测仪、综合测试仪和回声仪等。

23. 什么是井下流量计？井下流量计按工作原理分哪几种类型?

凡用于分层采出井或分层注入井中，测试各生产层段产量或注入量的仪器称为井下流量计。井下流量计按工作原理不同分为浮子式流量计、涡轮式流量计、电磁式流量计、超声波式流量计等。

24. 三采分注井分层流量测试的仪器如何选择?

由于三采分注井的注入介质特殊性，三采分注井测试要选用受非牛顿流体介质影响小的电磁流量计进行井下流量测试及压力测试。

25. 流量计、压力计、示功仪、压力表多长时间校对一次?

大庆油田有限责任公司规定流量计、压力计每两个月校对一次，示功仪和压力表一个月校对一次。

26. 什么是投捞器? 它分为哪些类型?

在偏心分层测试调配井中专门用于打捞、投送堵塞器的工具称为投捞器。

投捞器分为坐开式投捞器和提挂式投捞器。坐开式投捞器必须撞击偏心管柱底部撞击头，才能释放投捞爪。而提挂式投捞器则不需要撞击撞击头，只要上提通过工作筒变径处即可释放投捞爪。目前常用的是提挂式投捞器。

27. 提挂式投捞器结构和原理是什么?

提挂式投捞器结构：绳帽、投捞器主体、上锁轮、投捞爪、四方接头、打捞头或压送头、下锁轮、导向爪，各种弹簧、螺钉。

提挂式投捞器工作原理：投捞时，投捞爪的四方接头上连接打捞头或压送头，在上锁轮的作用下，收拢在投捞器主体内；导向爪在下锁轮的作用下也收拢起来，下入井内；当通过要打捞或投送的层位配水器时，上提投捞器过偏心工作筒，上、下锁轮碰撞工作筒或油管接箍释放投捞爪和定位爪，下放投捞器，导向爪与工作筒开口配合导向，保证投捞爪对准偏孔，来完成打捞或投送偏心堵塞器。

28. 什么是堵塞器? 偏心配水堵塞器的作用是什么?

用来控制配产或配注器液流通道的工具称为堵塞器。

分层配产时，堵塞器可以装上井下油嘴来控制单层产液量。分层注水时，堵塞器可装上井下水嘴，控制单层注水量。作业时，可用堵塞器装上死嘴投入工作筒，使封隔器便于卸压并进行不压井起管柱施工。测试时，可利用堵塞器装上原层段油（水）嘴测得实际生产的流量和有关参数。亦可利用堵塞器依次换装不同油（水）嘴来实现对单层进行流量的控制。

29. 什么是振荡器？振荡器的分类及其作用是什么？

振荡器是测试过程中用于打捞井下仪器或落物的辅助工具，是在打捞井下仪器或落物时增加打捞工具的冲击力量。

分类：按工作原理可分为直击机械式振荡器、机械弹簧式振荡器、水力振荡器、关节式振荡器。

作用：测试调配过程中仪器、工具遇卡，用以振荡解卡。

30. 测试时为什么要用振荡器？怎样增加振荡器的冲击能量？

因为振荡器可用来进行解卡处理，而且方便省力。因此，测试时一般要带上振荡器，在仪器遇卡时能及时解卡。只要在振荡器上部接加重杆，即能增加振荡器冲击能量。

31. 测试接头有哪些类型？各种类型用途是什么？

类型：关节式接头、快速接头、滚轮杆接头、加速度接头。

用途：(1) 关节式接头，用于较长的机械式仪器串下入有挠度的井中防止遇阻。

(2) 快速接头，用于较长的机械式仪器串各段的连接，由于操作简便，可在井口把仪器串分段放入或取出防喷管。

(3) 滚轮杆接头，用于长仪器串下入斜井，防止与井壁摩擦而损坏仪器。

（4）加速度接头，减缓起下仪器时的冲击力，用以保护仪器。

32. 测试加重杆有几种？其用途和特点是什么？

类型：钢制普通加重杆、水银加重杆、可通信号加重杆、附加在电缆上的加重杆。

用途：（1）钢制普通加重杆：一般仪器下井时加重。特点：接于仪器上部或下部，用一般钢材制成，结构简单加工容易，但重量较轻（目前使用的钨钢加重杆，重量比钢制加重杆增加较多）。

（2）水银加重杆：可用于钢丝或电缆起下仪器。特点：单位长度具有较大的重量，但加工复杂，使用时须防止水银泄漏。

（3）可通信号加重杆：用于电缆测试仪器的加重。特点：接在仪器上方，避免重力和应力影响仪器性能。

（4）附加在电缆上的加重杆：用于电缆测试仪器的加重。特点：加工简单，可避免前述几种加重杆缺点，但应避免损坏绳帽上方的电缆。

33. 卡瓦打捞筒的用途是什么？由哪几部分组成？

卡瓦打捞筒用于打捞油管内不带钢丝、外部带有伞形台阶的落物。其由压紧接头、卡瓦筒、弹簧、挡圈、卡瓦片组成。

34. 卡瓦打捞筒的工作原理是什么？

（1）当接有加重杆的打捞筒下入井中，其打捞筒有一斜面。

（2）当落物的鱼顶顶住分成两片的卡瓦片向上移动时，卡瓦片上的齿夹住带鱼顶的伞形台阶。

(3) 上提打捞器，靠弹簧力使卡瓦片沿斜面向下移动，抓住落物，完成打捞动作。

35. 试井绞车液压系统的结构及原理是什么?

结构：主要由发动机、液压泵、调节控制阀、液压马达、液压油箱及散热装置和管路组成。

原理：发动机启动后，带动液压马达，将液压油箱内的液压油输出，通过控制调节阀及管线传输给液压马达，使其转动并带动电缆绞车滚筒转动。通过控制调节阀改变液压油的输入方向，可改变液压马达的转动方向，改变液压油油量的大小来控制转动的速度。

36. 试井钢丝绞车的例保内容有哪些?

试井钢丝绞车的例保包括一保和二保。一保 15 天一次，各部件及绞车检查调整，紧固轴承加注黄油，配合处加机油润滑；二保 6 个月一次，拆卸清洗绞车部件，更换分动箱机油。

37. 测试绞车液压油多长时间更换一次?

测试绞车液压油正常情况两年更换一次，如液压油变质要随时更换，对液压油位达不到规定标尺范围内的要及时添加液压油。

38. 试井钢丝多长时间更换一次?

试井钢丝正常测试情况下半年更换一次。但还要根据情况而定，如经常打捞或遇卡钢丝受力较多的情况下，若钢丝变细，钢丝的韧性变弱、变脆时，要随时更换。对于打扭、有死弯、砂眼及锈蚀严重的钢丝要及时更换。

39. 地滑轮的作用是什么?

在井口油压大于15MPa、仪器在井下遇卡或打捞时，需安装地滑轮导向，来改变井口的受力方向，避免因井口承受负荷过大造成拉倒防喷管的事故发生。使用地滑轮时，绞车与井口距离应不少于25m。

40. 测试电缆的机械性能有哪些指标?电气性能有哪些指标?

测试电缆的机械性能指电缆的抗拉强度、耐腐蚀性、韧性及弹性等。测试电缆的电气性能指电阻、电容和电感。

41. 电缆计深装置由哪些部件组成?

由支架、清零旋钮、计数器、传动软轴、后计量轮、减速传动轮、涡轮减速器、前计量轮、前导块、前压紧轮、压紧释放手柄、后压紧轮及后导块等部组成。

42. 测试中仪器损坏的原因有哪些?

(1) 仪器没有放在专用箱或固定在架子上，车开动后，仪器晃动或倒下。(2) 仪器放入防喷管时过快，发生顿闸板。(3) 提到井口时没有减速，撞击井口防喷盒。(4) 上卸仪器时未使用专用扳手，用管钳上卸而把仪器损坏。(5) 仪器螺纹未经常涂润滑油，致使螺纹磨损或错扣。(6) 下放过快或油管深度不清撞击油管鞋。(7) 进行分层测试时坐封过猛。(8) 用仪器探砂面。

43. 测试中预防仪器损坏的措施有哪些?

(1) 上井测试时将仪器放入专用箱或固定在架子上。(2) 仪器放入防喷管时，要慢放，以免顿闸板。(3) 仪器起到距井口 20m 时由人工手摇，使仪器慢慢进入防喷管。

(4) 上卸仪器禁止用管钳。(5) 每次测试时要擦洗螺纹并上专用润滑油。(6) 测试时弄清井下管柱情况，一般不得下出油管鞋。(7) 进行分层测试时，接近坐封位置不得猛放。(8) 不准用仪器探测砂面。

44. 调配水嘴的作用是什么?

调配水嘴的作用是指按分层配注方案的要求合理控制小层的注水量，以实现分层定量注水。

45. 水嘴调配选择的原理是什么?

利用配水嘴的节流作用，降低层段注水压力，从而达到控制高渗透层注水量的目的。因此可以通过配水嘴后需要降低的注水压力（即嘴损压力）来求得配水嘴的尺寸。

46. 注水井分层测试的目的是什么?

注水井分层测试主要用来了解油层吸水能力及其变化，了解井下工具的工作状况，以便更换井下工具、调整水井工作制度，确定增注措施。

47. 分层注水井的流量测试方法有哪些? 其原理是什么?

分层注水井测试方法分为非集流式测试法和集流式测试法。

(1) 非集流测试法原理：测试时流量计无需坐封于井下配注器的工作筒内，而是悬挂在油管中心，流体从流量计的外部或内部流过。在一定条件下，测量出流体的流速而得到流体的流量。

(2) 集流式测试法原理：测试时井下流量计必须与测试密封段配合使用，坐封于井下配注器的工作筒内，通过密封段的聚流作用迫使油管中的流体全部由流量计内部通过，经流量计测量后，再流向下面的注水层段。

48. 桥式偏心集流测试工艺是什么？

桥式偏心集流测试由两段四道密封圈及过水通道组成测试密封段，下部的定向抓及自锁机构与普通密封段相同。测试时密封段坐封在井下配注器的工作筒主通道内，部分流体在密封段的作用下流过流量计内部，经流量计测量出流量后，直接注入注水层段。另一部分流体通过旁通注入下部地层内。

49. 影响注水井吸水能力的因素有哪些？吸水能力差的井应采取哪些措施？

影响注水井吸水能力的因素主要有：进行作业时压井液对地层的伤害和作业措施不当等原因造成地层渗透率下降、注入水质不合格、黏土矿物遇水后发生膨胀。

对于吸水能力差的井应采用酸化、压裂增注及水力振荡和水力射流、超声波解堵、电脉冲波解堵等井底处理措施。

50. 偏心注水井测流量前应做哪些准备？

（1）弄清管柱结构，提前洗井清除井筒内脏物。（2）弄清配注方案要求、正常注水压力、水量、测试层段数及深度。（3）校对好压力表、水表、流量计，使其达到质量标准要求。（4）选择合适测量范围的井下流量计，准备好测试密封段。（5）准备好需要的仪器、工具，并要保证灵活好用。

51. 分层测试测各层段吸水量时仪器为什么要避开封隔器位置而吊测在油管中？

目前使用的非集流流量计，是通过测定注入剂在油管中的中心流速来测量流量的，若停在封隔器中就会造成仪器与油管之间的环空通道变小、流速变快，使所测取的流量偏高，所以一定要将仪器停在油管中。

52. 测试分层注水量时应注意什么?

(1) 了解注水井管柱结构、各层段配注要求及正常注水压力和水量。

(2) 测试前应先洗井，清除井内脏物，待注水压力稳定后再测试。

(3) 测试时泵压必须保持稳定，各压力点的水量要稳定，且需稳定注水 15～20min。测试过程中油管压力必须高于套管压力 0.7MPa 以上，以保证封隔器密封（用水力压差式封隔器）。

(4) 测指示曲线时，应做到等压降，降压间隔 0.2～1MPa，每点稳定 15min，配注量在测点之中。

(5) 测试过程中，仪器及工具操作平稳。

(6) 测试过程中边测边做指示曲线，发现异常应复测。

(7) 分层注水井每一层必须测指示曲线，所测压力水量必须在合格范围内，分层水量之和与全井水量相等。

53. 怎样验收注水井分层调配测试资料?

(1) 调配前，应在地质方案要求的注水压力下测检配资料，分别录取分层段水量及全井水量。

(2) 井下流量计录取的全井水量与地面水表记录的水量误差不超过 8%，井下流量计测得的井口压力与压力表值的压力误差在 ±0.2MPa 以内。超过误差范围应落实原因，整改后方可进行测试。

(3) 根据正常注水压力下的检配测试各层段吸水量与配注量对比，全井吸水量与对应配注水量误差在 ±20% 以内为合格井，层段吸水量与配注水量误差在 ±30% 以内为合格层。

(4) 曲线台阶清晰、无异常。每个层位采样时间不少于 3min，并上报原始数据。

（5）原始报表准确无漏项，包括井号、测试日期、流量计型号、仪器编号、量程、泵压、油压、水表水量、测试层位、视流压、视流量、分层流量、测试单位、记录人、审核人及特殊情况说明等。

（6）对吸水能力差的井，在注水压力达到允许压力，且水嘴已调配合理，全井水量达不到配注要求，测点又不少于2个，测调合格层不限多少，资料均可验收。

（7）对于在正常注水压力下，各层段水嘴调整合理的井，应采用降压法或升压法测三个压力点下各层段及全井吸水量，降压或升压间隔为0.2～1.0MPa。对于低渗透油藏采用降压法或升压法测试困难的井，可采用降流量法测不同流量下各层段及全井吸水量，流量间隔及稳定时间视全井水量确定。

54. 怎样解释、计算分层注入量？

（1）收据、整理、审核测试数据。

（2）按递减法，计算不同压力下各层吸水量及全井吸水量，并对流量资料进行综合分析评价，异常井要有总体说明。

（3）分层吸水量的计算方法：分层吸水量等于全井口注水量乘以层段吸水量的体积分数。

（4）各层段的视水量：

$$Q_4' = Q_{偏4}，Q_3' = Q_{偏3} - Q_{偏4}$$

$$Q_2' = Q_{偏2} - Q_{偏3}，Q_1' = Q_{偏1} - Q_{偏2}$$

（5）求水量校正系数：

$$b = \frac{Q}{Q_4' + Q_3' + Q_2' + Q_1'}$$

（6）求各层（核实）吸水量：

$$Q_1 = bQ_1'，Q_2' = bQ_2'$$

$$Q_2 = bQ_3'，Q_4 = bQ_4'$$

式中 Q——全井注水量，m^3/d；

b——水量校正系数；

$Q_{偏1}$，$Q_{偏2}$，$Q_{偏3}$，$Q_{偏4}$——各层以下层段测试水量，m^3/d；

Q'_1，Q'_2，Q'_3，Q'_4——各层视吸水量，m^3/d。

(7) 桥式偏心管柱，采用集流方式测试可直接读取各层段流量值，并用累计相加法计算全井流量值。

55. 什么是井下压力计?

在试井工作中常用来测试记录井下压力的仪器称井下压力计。

56. 为什么要校检压力计?

为了及时检查在用仪器的精度、灵敏度和记录比例等情况，因此要校检压力计。

57. 存储式电子压力计为什么要设置采样时间表? 编制采样时间原则是什么?

由于电子压力计的存储能力是一定的，电池容量也有限，采样点数过多、过于密集，电量损失也越大或压力计存储空间不够，从而造成测压失败，因此要设置采样时间表。

编制原则：首先依据测试设计，根据压力计的采样速率合理设定加密区。其次在关井恢复后期，应尽量减少采点数。一般按照电池的工作时间来决定工作程序的编制。

58. 注水井验封测试方法有哪些?

目前油田上注水井验封常用的方法有四种：

(1) 单压力计验封方法。此种方法验封时将绳帽、加重杆、验封密封段、压力计顺序连接，下入井内，坐入验封层段，通过井口“开—关—开”或“关—开—关”操作，测得

反应层压力曲线，进行封隔器密封性能的判断。

（2）双压力计验封方法。此种方法是在验封密封段上部和下部各安装一支压力计，通过井口的“开—关—开”或“关—开—关”操作，对比测得的反应层及激动层的压力曲线进行验封判断。

（3）单只双传感器电子压力计验封方法。此种方法是测试密封段上的两个传压孔分别对应两个层段，通过井口的“开—关—开”或“关—开—关”操作，测得的反应层及激动层的压力曲线进行验封判断。

（4）堵塞器式双传感器分层压力计验封方法。此种方法必须在验封前先将验封井内的偏心堵塞器捞出，投入堵塞式分层压力计，然后通过井口的“开—关—开”或“关—开—关”操作，对比测得的工作筒内压力曲线与各小层内的压力曲线进行验封判断，在验封的同时可测得每个层段的分层压力。

59. 怎样验收及解释验封资料?

资料验收：

（1）验封方法采用“关—开—关”或“开—关—开”。双压力计验封时，上压力计记录的压力曲线要有明显的控井压差，验封开/关时间不少于3min。

（2）验封资料上应有井号、日期、压力计号，并在相应位置标注验封层位。

（3）报表填写规范、整洁，应准确填写开控井压力值，所用压力表应在有效检定期内。

（4）密封层有一张合格卡片即可，不密封层应有复测资料。

（5）有停注层的井，应拔出死嘴，投入堵塞器，再验封。

资料解释：(1) 若验封层的压力计记录的压力曲线基本不随井口注水压力而变化，该层段解释为密封；若验封层的压力曲线随井口压力有明显变化，该层解释为不密封；

(2) 对于有复测资料的层段，若有一次验封结果为密封，那么该层解释为密封。

60. 注水井层段划分的原则是什么?

(1) 以砂岩层为基础，以主要油砂体为单元，尽量做到油、水井层段相互对应，全区统一。

(2) 在查清油层开采状况的基础上，把主要见水层、吸水能力很高的薄层单独封卡出来，进行控制注水，减少层间矛盾，充分发挥其他层的作用。

(3) 在同一层段内，各小层的渗透率、含水率应力求接近，减少互相干扰。

61. 注水井调剖的目的是什么?

在注水井中注入化学剂，以降低高吸水层段的吸水量，在提高注水压力后，可达到提高中、低渗透层吸水量、改善注水井吸水剖面的目的。

62. 判断分层封隔器失效的标准有哪些?

(1) 根据验封资料判断是否失效（测两次以上）。

(2) 根据同位素测井判断停注层是否吸水，若吸水则不密封。

(3) 对起出封隔器进行打压，看连接部位及密封件是否漏失。

63. 分层测试时怎样判断油管漏失?

(1) 在分层测试时，在油压稳定、注入量稳定、井口50m的水量和地面水表的水量一致条件下，所测偏1水量小于

井口的水量，初步判断为油管漏失。

（2）用非集流流量计从偏1以上吊测，以每100m为一个测试点一直吊测到井口，就可以找到油管漏失的大概位置。

（3）用验封密封段封堵偏心通道（桥式偏心除外），井口放大注水压力，水表转动说明油管有漏失。

64. 注水井测配过程中如发生故障应如何处理？

（1）测配过程中如发生故障应停止施工，组织相关人员进行故障原因分析。

（2）根据分析原因制订相应的解决方法及打捞措施，并编写打捞施工方案，报甲方同意后方可实施。

（3）根据施工方案准备好所需设备、工具、用具，对施工中的突发问题应有预见性，准备应充分。

（4）现场施工中，应有甲方监督人员在场，施工中应按施工方案进行，并严格遵守各项安全技术操作规程。

（5）对处理故障中遇到的突发情况，应冷静分析，妥善处理，并应征得甲方监督人员的同意，避免发生二次事故。

65. 深层气井测试对使用设备的要求有哪些？

（1）现场施工设备应采用柴油动力装置并安装防火帽。

（2）绞车传动部件、离合器装置、信号装置灵活好用。

（3）根据井内组分选择防硫、防酸等耐腐蚀钢丝，且钢丝无死弯、砂眼、伤痕，长度比仪器下入深度长100m以上。

（4）现场应用专用防爆工具。

（5）现场配备检定合格的烃类报警器。

（6）高压测试防喷管装置及压力表应检定有效并且其额定工作压力不低于预测压力。

66. 什么是绳类落物？绳类落物主要用什么打捞工具？其分类及特点是什么？

凡是掉入井内的钢丝、钢丝绳、电缆等均属于绳类落物。

绳类落物主要采用钩类打捞工具进行打捞。常用的钩类打捞工具包括内钩、外钩、内外组合钩、单齿钩、多齿钩、活齿钩等类型（图 8），是使用较广泛的绳类落物打捞工具。

特点：加工制造简单、使用操作简单、打捞成功率高。内钩、外钩、内外组合钩，基本由上接头和钩体、钩子组成，上接头外径较大以防打捞绳缆时钩体接头插入过深而卡埋接头，造成更大事故。

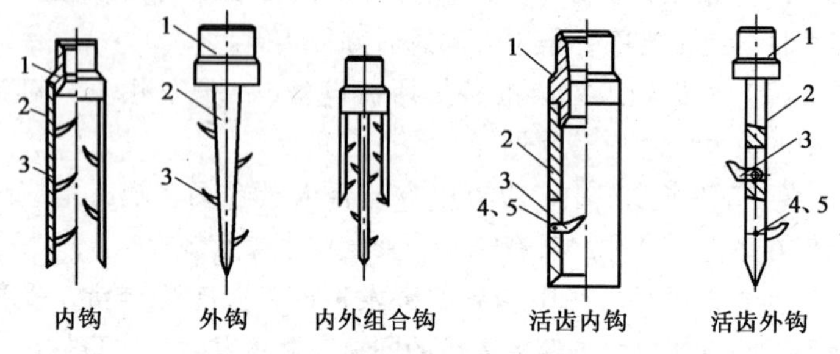

图 8　钩类打捞工具示意图

1—上接头；2—钩体；3—钩子；4—轴销；5—扭簧

67. 钩类打捞工具在使用时应注意些什么？

（1）打捞时，应采用多次慢下、逐级加深、微压多提、提放旋转相间的方法。决不能盲目快速下放或加较大的钻压打捞。

（2）切忌将钩子插入过深。一是钩子插入过深，致使上提成团，形成“钢丝活塞”而造成卡钻事故。二是防止钢丝绳缠到上部而卡死钻具。

68. 处理偏心堵塞器打捞杆弯曲时应注意些什么?

(1) 打印模时一般应打两次，投捞器过工作筒后上提不要过高，不要猛下，以免造成印模无法辨认。

(2) 根据印模判断打捞杆弯曲方向及弯曲程度，采用相应方法。

(3) 使用扶正转向工具时，一定要按印模所探方向分左、右方向使用不同工具，不能装错。

(4) 对故障处理全过程应有详细记录，并有甲方监督及本测试单位领导签字备案。

69. 打捞落物前对落物井及落物应有何了解?

对落物井的了解包括：(1) 井下管柱结构清楚，井口各阀门开关灵活。(2) 了解落物井目前生产情况，如产量、含气、气油比、出砂情况及油、套压大小等。

对落物的了解：(1) 若为脱扣落物，首先确定脱扣部位，落物的结构、长度、外形特征、鱼尾扣形。(2) 若为钢丝落物，了解断钢丝原因：①如仪器拔断，剩钢丝长度。②钢丝在井筒内打扭拉断，钢丝拉断深度。③绳结拉脱。④在井口碰断或井口关断。

70. 打捞油、水井落物时应注意些什么?

(1) 下井工具必须绘制草图，注明尺寸。(2) 在打捞过程中，如果一次或多次未捞上，不要一味猛顿，防止损坏鱼顶形状，给下次打捞造成困难。(3) 在打捞落物过程中，无论打捞何种落物，下放和上提速度都应缓慢、平稳，不能猛刹、猛放。(4) 在打捞过程中，严防再次发生井下落物，使事故扩大。(5) 注意做好防喷、防火、防冻等安全工作。(6) 采用加长防喷管或采用扒杆必须用绷绳加固。(7) 下入的打捞工具遇卡拔不动时，应能脱卡，以便进行下部措施。(8）如用手摇绞车时必须打桩加固结实。(9）人员分工明确并由一人统一指挥。

71. 影响液面恢复测试资料准确的因素有哪些?

(1）回声仪测试性能不稳定。(2）灵敏度调整不当，记录曲线波形不清楚。(3）操作不当，测试时液面波尚未反射到地面就关闭电源。(4）井口连接器漏气或排气阀没关。(5）测试井振动或噪声过大。(6）测试管线内有堵塞或没开套管阀门。(7）微音器室气体通路有堵塞现象。

72. 系统保护油层主要包括什么?

(1）钻井、固井过程中的油层保护。(2）射孔、修井作业中的油层保护。(3）增产措施中的油层保护。(4）注水过程中的油层保护。

73. 测液面的目的是什么?

(1）了解油井的供液能力，结合示功图分析井下泵的工作状况，确定泵的合理沉没度以及判断注水效果。(2）井下液面探测是管好抽油机井的一种重要手段，并可以根据液面深度计算沉没度、流动压力、地层压力。

确定抽油泵的沉没度：

$$D_{沉} = D_{泵} - D_{动}$$

确定流压：

$$p_{wf} = p_c + \frac{(D_{油} - D_{动}) \cdot \gamma}{100}$$

确定静压：

$$p_R = p_c + \frac{(D_{油} - D_{静}) \cdot \gamma}{100}$$

式中 $D_{动}$——抽油井动液面的深度，m；

$D_{静}$——抽油井静液面深度，m；

$D_{沉}$——抽油泵沉没度，m；

$D_{泵}$——抽油井泵下入的深度，m；

$D_{油}$——油层中部深度，m；

p_c——油井井口套压，MPa；

p_{wf}——油井流压，MPa；

p_R——油井静压，MPa；

γ——混合液体重度，是混合液密度与重力加速度的乘积，10^{-4}N/m^3。

74. 测液面时应注意什么？

（1）测试井的套压不能大于回声仪连接器的额定压力。（2）推动扳手击发时，动作要平稳；记录正在进行时，应避免震动井口连接器。（3）搬运仪器测试时要轻拿轻放，防止损坏螺纹。（4）测试时排气阀与微音器间通道应清洁、干燥、畅通无阻。（5）测试井不许漏油气，测试管线弯头不能太多。

75. 测示功图的目的是什么？

通过测得的示功图，了解抽油机载荷变化及深井泵的工作情况，为选择适当的抽油参数、判断油层供液能力提供依据。

76. 示功图测试有哪些方法？

（1）悬点测试法，即测试仪器安置在抽油机驴头悬点位置测示功图的方法。（2）井下测试法，即将仪器安置在井下泵位置测取示功图的方法。（3）远传测试法，利用将光杆行程装换为电信号的角位移变送器和能将光杆负荷转为电信号的应力变送器及专门的传输通道（电缆）将油井所测示功图远传绘制的方法，常用在油井自动化集中管理中。

77. 示功图验收有哪些要求?

(1) 图形适中，线条清楚，连贯封闭。(2) 每张功图应绘有上、下理论负荷线。(3) 每张功图应有井号、日期及实测冲程、冲次等参数。

78. 测试示功图时应注意什么?

(1) 了解所测井负荷大小，保证仪器承受负荷不超过最大负荷的 80%。(2) 严格按着操作规程进行，安装仪器时要注意站在悬绳器侧面，注意人身安全。(3) 抽油机的停抽位置不当，需调整位置时，操作者要严格做好配合工作。(4) 对有砂、蜡、稠油影响的井要尽量缩短停机时间，防止引起卡泵或稠油阻滞抽油杆。

79. 实测示功图受哪些因素影响?

(1) 砂、蜡、水、气的影响。(2) 惯性载荷、振动载荷、冲击载荷与摩擦阻力的影响。(3) 漏失、断脱、设备故障、仪器故障等因素的影响。

二、HSE 知识

(一) 名词解释

1. 静电: 由于物体与物体之间的紧密接触和分离，或者相互摩擦，发生了电荷转移，破坏了物体原子中的正负电荷的平衡而产生的电。

2. 触电: 电流通过人体与大地或其他导体形成回路。

3. 单相接触: 人接触到一根火线而发生触电。

4. 两相接触: 人同时接触到两根火线而发生触电。一般

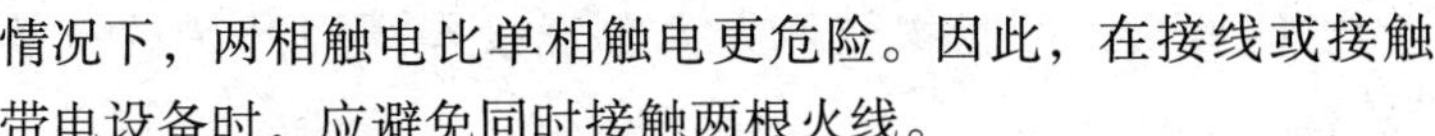

情况下，两相触电比单相触电更危险。因此，在接线或接触带电设备时，应避免同时接触两根火线。

5. 电流灼伤：人体与带电体接触，电流通过人体时，因电能转化为热能所引起的伤害，一般发生在低压电气设备上。

6. 电弧灼伤：有弧光放电造成的烧伤，是最严重的电伤，包含熔化了的炽热金属溅出造成的烫伤。电弧温度高达8900℃以上，可造成大面积、大深度的烧伤，甚至烧焦、烧掉四肢及其他部位。大电流通过人体，也可能烘干、烧焦机体组织。其既可能发生在高压电气设备上，也可能发生在低压电气设备上。

7. 跨步电压触电：指电气设备绝缘损坏或当输电线路一根导线断线接地时，在导线周围的地面上，由于两脚之间的电位差所形成的触电。

8. 安全电压：人体与电接触时，对人体各部位组织（如皮肤、心脏、呼吸器官和神经系统）不会造成任何损害的电压为安全电压。

9. 保护接零：在正常情况下，将电气设备不带电的导电部分与低压配电网的零线连接起来，防止漏电发生触电事故。

10. 保护接地：在正常情况下，将电气设备不带电的导电部分与接地体连接起来，防止漏电发生触电事故。

11. 燃烧：凡物质与氧化合时，发生大量的热和光的现象。

12. 闪燃：在一定温度下，易燃、可燃液体表面上的蒸气和空气的混合气体与火焰接触时，能闪出火花，但随即熄灭，这种瞬间燃烧的过程称为闪燃。

13. 自燃：可燃物质在没有外部明火焰等火源的作用下，因受热或自身发热并蓄热所产生的自行燃烧的现象。

14. 着火： 可燃物受外界火源直接作用而开始的持续燃烧。

15. 爆燃： 可燃物质（气体、雾滴和粉尘）与空气或氧气的混合物由火源点燃，火焰立即从火源处以不断扩大的同心球，自动扩展到混合物存在的全部空间，这种以热传导方式自动在空间传播的燃烧现象称为爆燃。

16. 爆炸极限： 当可燃气体、可燃粉尘或液体蒸气与空气（氧气）混合达到一定浓度时，遇到火源就会爆炸，这个浓度范围称为爆炸浓度或爆炸极限。

17. 火灾： 是指在时间或空间上失去控制的燃烧造成的灾害。

18. 冷却法： 将灭火剂直接喷射到燃烧物上，以降低燃烧物温度于燃点之下、使燃烧停止的灭火方法。

19. 窒息法： 用降低氧浓度来灭火的方法。

20. 隔离法： 关闭有关阀门，且切断流向火区的可燃气体和液体通道的灭火方法。

21. 高空作业： 凡是在坠落高度基准面 2m（含 2m）以上，有可能坠落的高处作业称为高空作业。

22. 坠落高度基准面： 坠落到最低着落点的水平面称为坠落高度基准面。

23. 最低着落点： 在作业位置可能坠落到的最低点称为最低着落点。

24. 危险物品： 是指易燃易爆物品、危险化学品、放射性物品等能够危及人身安全和财产安全的物品。

25. 危险化学品： 是指具有易燃、易爆、有毒、腐蚀、放射性等危险特性，在生产、储存、运输、使用和废弃物处置过程中极易造成人身伤亡、财产损失、污染环境的化学品。

26. 高温作业：是指以本地区夏季通风室外平均温度为参照基础，其工作地点具有生产性热源，而工作地点气温高于室外温度2℃或2℃以上的作业。

27. 噪声：物体的复杂振动由许许多多频率组成，而各频率之间彼此不成简单的整数比，这样的声音听起来不悦耳也不和谐，还会使人产生烦躁，这种频率和强度都不同的各种声音的杂乱组合而产生的声音称为噪声。

28. 物体打击：物体在重力或其他外力的作用下产生运动打击人体，造成人身伤亡事故，不包括因机械设备、车辆、起重机械、坍塌等引发的物体打击。

29. 车辆伤害：企业机动车辆在行驶中引起的人体坠落和物体倒塌、下落、挤压伤亡事故，不包括起重设备提升、牵引车辆和车辆停驶时发生的事故。

30. 机械伤害：机械设备运动（静止）部件、工具、加工件直接与人体接触引起的夹击、碰撞、剪切、卷人、绞、碾、割、刺等伤害，不包括车辆、起重机械引起的机械伤害。

31. 起重伤害：在各种起重作业（包括起重机安装、检修、试验）中发生的挤压、坠落（吊具、吊重）、物体打击等。

32. 中暑：在高温环境下由于热平衡和（或）水盐代谢紊乱等而引起的一种以中枢神经系统和（或）心血管系统障碍为主要表现的急性热致疾病。

（二）问答

1. 哪些物质易产生静电？

金属、木柴、塑料、化纤、油制品等易产生静电。

2. 物质产生静电的条件是什么？

物质在高温、高压、干燥的情况下易产生静电。

3. 为什么静电能将可燃物引燃?

因为可燃性气体及蒸气与空气混合的最小引燃能量为0.009mJ，可燃性气体与氧气混合的最小引燃能量为0.0002～0.0027mJ，粉尘的最小引燃能量为5～60mJ，通常静电放出的电火花能量，完全能使可燃物引燃。

4. 防止静电有哪几种措施?

(1) 增加湿度；(2) 采用感应式静电消除器；(3) 采用高压电晕放电式消除器；(4) 采用离子流静电消除器；(5) 采用防静电工鞋；(6) 采用防静电服经地面导电。

5. 消除静电的方法有几种?

(1) 静电接地。(2) 增湿。(3) 加抗静电添加剂。(4) 静电中和器。(5) 工艺控制法。

6. 我国国家标准安全电压额定值的等级分别是多少?

我国国家标准安全电压额定值的等级为42V、36V、24V、12V、6V。

7. 人体发生触电的原因是什么?

在电路中，人体的一部分接触相线，另一部分接触其他导体，就会发生触电。触电的原因：(1) 违规操作。(2) 绝缘性能差漏电，接地保护失灵，设备外壳带电。(3) 工作环境过于潮湿，未采取预防触电措施。(4) 接触断落的架空输电线或地下电缆漏电。

8. 发现有人触电应该怎么办?

(1) 当发现有人触电时，应先断开电源。(2) 在未切断电源时，为争取时间可用干燥的木棒、绝缘物拨开电线，或站在干燥木板上或穿绝缘鞋用一只手去拉触电者，使之脱离

电源，然后进行抢救。人在高处应防止脱电后落地摔伤。(3) 触电后昏迷但又有呼吸者应抬到温暖、空气流通的地方休息，如呼吸困难或停止，立即进行人工呼吸。

9. 如何使触电者脱离电源？

(1) 尽快断开与触电者有关的电源开关。(2) 用相适应的绝缘物使触电者脱离电源。(3) 现场可采用短路法使断路器跳闸，或用绝缘杆挑开导线。(4) 脱离电源时要防止触电者摔伤。

10. 预防触电事故的措施有哪些？

(1) 采用安全电压；(2) 保证绝缘性能；(3) 采用屏护；(4) 保持安全距离；(5) 合理选用电气设备；(6) 装设漏电保护器；(7) 保护接地与接零。

11. 什么是电伤？电伤分几类？

电伤是电流的热效应、化学效应、机械效应等对于人体所造成的危害。其最常见的为电烧伤。电伤主要分为电流灼伤和电弧烧伤两种类型。

12. 怎样识别触电的危险程度？

触电的危险程度应根据电压的高低、绝缘的情况、电力网中性点是否接地、通过人体电流持续的时间和路径等各种因素来识别。当人体通过50mA以上的电流，就有生命危险。

13. 触电方式有几种？有跨步电压危险存在时应怎样做？

人体触电方式主要分为：单相触电、两相触电、跨步电压触电三种。

跨步电压触电一般发生在高压电线落地时，但对低压电线落地也不可麻痹大意。当一个人发觉跨步电压威胁时，应赶快把双脚并在一起，然后马上用一条腿或两条腿合并跳离危险区。

14. 触电有哪两种伤害形式？造成伤害情况如何？

触电分为电击和电伤两种伤害形式。

电击是电流通过人体，刺激机体组织，使肌体产生针刺感、压迫感、打击感、痉挛疼痛、血压异常、昏迷、心律不齐、心室颤动等造成伤害的形式。电击严重时会破坏人的心脏、肺部、神经系统的正常工作，形成危及生命的伤害。

电伤是电流的热效应、化学效应、机械效应等对人体所造成的伤害。电伤多见于机体的外部，往往在机体表面留下伤痕。能够形成电伤的电流通常比较大。电伤的危险程度决定于受伤面积、受伤深度、受伤部位等。

15. 发生电气短路的危害是什么？

电气短路时，线路中电流增大为正常时的数倍乃至数十倍，由于载流导体来不及散热，温度上升，除对电气线路和电气设备产生危害外，还形成危险温度。短路的暂态过程会产大的冲击电流，在流过设备的瞬间产生很大的电动力，造成电气设备损坏。

16. 引起短路的原因有哪些？

（1）电气设备安装和检修中的接线和操作错误，可能引起短路。（2）运行中的电气设备或线路发生绝缘老化、变质。（3）受过度高温、潮湿、腐蚀作用。（4）受到机械损伤等而失去绝缘。（5）外壳防护等级不够，导电性粉尘或纤维进入电气设备内部，也会导致短路。（6）防范措施不到位，小动物、霉菌及其他植物也可能导致短路。（7）雷击。

17. 安全用电注意事项有哪些？

（1）手潮湿（有水或出汗）不能接触带电设备和电源线。

（2）各种电气设备必须有接地线。（3）电路开关一定要安装在火线上。（4）在接、换熔断丝时，应切断电源。熔断丝要根据电路中的电流大小选用，不能用其他金属代替熔断丝。（5）正确地选用电线，根据电流的大小确定导线的规格及型号。（6）人体不要直接与通电设备接触，应用装有绝缘柄的工具（绝缘手柄的夹钳等）操作电气设备。（7）电气设备发生火灾时，应立即切断电源，并用二氧化碳灭火器灭火，切不可用水或泡沫灭火器灭火。（8）高大建筑物必须安装避雷器，如发现温升过高、绝缘下降时，应及时查明原因，消除故障。（9）发现架空电线破断、落地时，人员要离开电线地点 8m 以外，要有专人看守，并迅速组织抢修。

18. 燃烧分为哪几类？

燃烧按形成的条件和瞬间发生的特点不同，分为闪燃、着火、自燃、爆燃四种。

19. 燃烧必须具备哪几个条件？

燃烧必须具备三个条件：（1）要有可燃物，如木材、纸张、棉纱、汽油、煤油、润滑油。（2）要有助燃物，即空气中的氧或纯氧。（3）要达到着火的温度，即达到物质的燃点。

着火的三要素必须同时存在，缺少一个也不能燃烧。

20. 火灾过程一般分为哪几个阶段？

火灾过程一般可分为初起阶段、发展阶段、猛烈阶段、下降阶段和熄灭阶段。

21. 扑救火灾的原则是什么？

（1）报警早，损失少。（2）边报警，边扑救。（3）先控制，后灭火。（4）先救人，后救物。（5）防中毒，防窒息。（6）听指挥，莫惊慌。

22. 灭火器的种类及适用范围是什么?

(1) 清水灭火器：适用于扑救固体物质火灾，即A类火灾。

(2) 泡沫灭火器：适合扑灭脂类、石油产品等B类火灾以及木材等A类物质的初起火灾，但不能扑救B类水溶性火灾，也不能扑救带电设备及C类和D类火灾。

(3) 酸碱灭火器：适用于扑救A类物质的初起火灾，如木、竹、织物、纸张等燃烧的火灾。它不能用于扑救B类物质燃烧的火灾，也不能用于扑救C类可燃气体，或D类轻金属火灾，同时也不能用于带电场合火灾的扑救。

(4) 二氧化碳灭火器：适用于扑救600 V以下带电电器、贵重设备、图书档案、精密仪器仪表的初起火灾，以及一般可燃液体的火灾。

(5) 卤代烷灭火器：1211灭火器用于扑救易燃、可燃液体、气体及带电设备的初起火灾，也能够对固体物质如石、木、纸、织物等的表面火灾进行补救。它尤其适用于扑救精密仪器、计算机、珍贵文物及贵重物资仓库等处的初起火灾，也能用于扑救飞机、汽车、轮船、宾馆等场所初起火灾。

(6) 干粉灭火器：大多干粉也称ABC干粉，适用于扑救可燃液体、可燃气体和带电设备的火灾，以及一般固体物质火灾，不能扑救轻金属火灾。

23. 泡沫灭火器主要用于扑救哪些火灾?

扑救汽油、煤油、柴油和木材等引起的火灾。

24. 二氧化碳灭火器主要用于扑救哪些火灾?

扑救油类、电器、精密仪器和仪表、图书资料等火灾。

25. 四氯化碳灭火器主要用于扑救哪些火灾?

扑救电气设备火灾。

26. 灭火的四种基本方法是什么？

隔离法、窒息法、冷却法、抑制法。

27. 火场逃生的注意事项有哪些？

（1）逃生要迅速，不要为穿衣或寻找贵重物品而延误时间。

（2）要随手关闭通道上的门窗，以阻止和延缓烟雾向逃离的通道流窜。

（3）如身上着火应迅速脱下衣服或就地翻滚，不要跑动；如附近有水池、水塘可迅速跳进水中。

（4）不要乘坐电梯。

28. 目前油田常用的灭火器有哪些？

目前油田常用的灭火器有泡沫灭火器、二氧化碳灭火器、干粉灭火器等。

29. 手提式干粉灭火器如何使用？适用哪些火灾的扑救？

首先拔掉保险销，然后一手将拉环拉起或压下压把，另一只手握住喷管，对准火源喷射灭火。

适用范围：扑救液体火灾、带电设备火灾和遇水燃烧等物品的火灾，特别适用于扑救气体火灾。

30. 使用干粉灭火器的注意事项有哪些？

（1）要注意风向和火势，确保人员安全。（2）操作时要保持竖直，不能横置或倒置，否则易导致不能将灭火剂喷出。

31. 如何检查管理干粉灭火器？

（1）放置在通风、干燥、阴凉并取用方便的地方。

（2）避免高温、潮湿和腐蚀严重的场合，防止干粉灭火剂结块、分解。

（3）每季度检查干粉是否结块。

（4）检查压力显示器的指针应在绿色区域。

（5）灭火器一经开启必须再充装。

32. 消防安全“四懂四会”的内容是什么？

（1）四懂：懂得火灾的危险性；懂得预防火灾的措施；懂得火灾扑救的方法；懂得火场逃生的方法。

（2）四会：会报火警“119”；会使用灭火器材；会扑救初期火灾；会组织人员疏散。

33. 如何报火警？

一旦失火，要立即报警，报警越早，损失越小，打电话时，一定要沉着。首先要记清火警电话“119”，接通电话后，要向接警中心讲清失火单位的名称地址、着火物品、火势大小以及火的范围；同时还要注意听清对方提出的问题，以便正确回答。随后，把自己的电话号码和姓名告诉对方，以便联系。打完电话后，要立即派人到交叉路口等待消防车的到来，以利于引导消防车迅速赶到火灾现场；还要迅速组织人员疏散消防通道，消除障碍物，使消防车到达火场后能立即进入最佳位置灭火救援。

34. 油、气、电着火如何处理？

（1）切断油、气、电源，放掉容器内压力，隔离或搬走易燃物。

（2）刚起火或小面积着火，在人身安全得到保证的情况下要迅速灭火，可用灭火器、湿毛毡、棉衣等灭火；若不能及时灭火，要控制火势，阻止火势向油、气方向蔓延。

（3）大面积着火，或火势较猛，应立即报火警。

（4）油池着火，勿用水灭火。

（5）电器着火，在没切断电源时，只能用二氧化碳、干

粉等灭火器灭火。

35. 安全带通常使用期限为几年？几年抽检一次？

安全带通常使用期限为3～5年，发现异常应提前报废。一般安全带使用2年后，按批量购入情况应抽检一次。

36. 使用安全带时有哪些注意事项？

（1）安全带应高挂低用，注意防止摆动碰撞，使用3m以上的长绳时应加缓冲器，自锁钩用吊绳例外。

（2）缓冲器、速差式装置和自锁钩可以串联使用。

（3）不准将绳打结使用，也不准将钩直接挂在安全绳上使用，应挂在连接环上用。

（4）安全带上的各种部件不得任意拆卸，更换新绳时应注意加绳套。

37. 遇到什么天气不得从事露天高处作业？

遇五级以上大风或大雪、大雨、大雾等恶劣天气时，不得从事露天高处作业。

38. 高处作业常见的事故类型有哪些？

高空作业常见的事故有：

（1）操作人员从高空坠落。

（2）物体从高处落下，打在下面的工作人员或过路行人的身上，造成伤亡事故。

（3）登高作业时触及架空电线，发生触电事故。

39. 高处坠落的消减措施是什么？

（1）做好防腐工作并定期检查。

（2）一次上梯人数不能超过三人。

（3）冰雪天气操作前做好防滑措施，可采用砂子防滑。

（4）在设备上操作时，应按规定佩戴安全带并选择合适位置。

40. 高空作业安全规定有哪些?

(1) 参加高空作业的人员必须要身体健康，一般有高血压、心脏病、高度近视等人严禁进行高空作业。

(2) 登高 2m 以上作业时，必须系好安全带。安全带要拴在牢固的地方，安全带使用前要认真检查。

(3) 施工人员进行高空作业所用工具必须系好保险绳，防止使用时脱手坠落伤人。

(4) 高空作业人员严禁随意往下扔东西，放物件时，必须用绳索拴好慢慢放下。

(5) 高空作业时，严禁在滑车绳之间或其他能活动的物件上留停。

(6) 在高空脚手架上搭设跳板时，一定要把两头绑牢，严禁出现探头板子。

(7) 土建队伍高空作业中所搭设脚手架，必须符合搭架规定，要安装安全网。

(8) 雨天高空作业，必须采取绝对安全防滑措施。

(9) 夜间组织高空作业时，必须要有足够的照明设备。

41. 高空坠落急救要点是什么?

(1) 坠落在地的伤员，应初步检查伤情，不要搬动摇晃。

(2) 立即呼叫“120”急救电话，请求救治。

(3) 采取初步急救措施：止血、包扎、固定。

(4) 注意固定颈部、胸腰部脊椎，搬运时保持动作一致平稳，避免脊柱弯曲扭动加重伤情。

42. 机泵容易对人体造成哪些直接伤害?

(1) 夹伤：在工作中使用工具不当时会夹伤手指。

(2) 撞伤：在受到机泵的运动部件的撞击时会造成伤害。

（3）接触伤害：当人体接触到机泵高温或带电部件时造成伤害。

（4）绞伤：头发、衣物等卷入机泵的转动部件造成伤害。

43. 为防止机械伤害事故，安全要求有哪些？

对机械伤害的防护要做到“转动有罩、转轴头套、区域有栏”，防止衣袖、发辫和手持工具被绞入机器。

44. 机械伤害的消减措施是什么？

（1）按规定正确佩戴齐全各种劳动保护用品，操作前对所用工具进行仔细检查，正确使用、平稳操作。

（2）对于制动设备应注意检查其制动效果和制动设备的安全性，并及时挂好警示标牌。

（3）应要求职工严格按照操作规程操作，并提高职工自身安全意识。

45. 哪些伤害必须就地抢救？

触电、中毒、淹溺、中暑、失血。

46. 外伤急救步骤是什么？

止血、包扎、固定、送医院。

47. 有害气体中毒急救措施有哪些？

（1）气体中毒开始时有流泪、眼痛、呛咳、眼部干燥等症状，应引起警惕，稍重时头昏、气促、胸闷、眩晕，严重时会引起惊厥昏迷。

（2）怀疑可能存在有害气体时，应立即将人员撤离现场，转移到通风良好处休息，抢救人员进入险区必须佩戴正压式空气呼吸器。

（3）已昏迷病员应保持气道通畅，有条件时给予氧气呼入，呼吸心跳骤停者按心肺复苏法抢救，并联系急救部门或医院。

（4）迅速查明有害气体的名称，供医院及早对症治疗。

48. 烧烫伤急救要点是什么？

（1）迅速熄灭身体上的火焰，减轻烧伤。

（2）用冷水冲洗、冷敷或浸泡肢体，降低皮肤温度。

（3）用干净纱布或被单覆盖和包裹烧伤创面，切忌在烧伤处涂各种药水和药膏。

（4）可给烧伤伤员口服自制烧伤饮料糖盐水，切忌给烧伤伤员喝白开水。

（5）搬运烧伤伤员，动作要轻柔、平稳，尽量不要拖拉、滚动，以免加重皮肤损伤。

49. 触电的现场急救方法主要有几种？

人工呼吸法、人工胸外心脏按压法两种。

50. 触电急救要点是什么？

（1）迅速切断电源。

（2）若无法立即切断电源，用绝缘物品使触电者脱离电源。

（3）保持呼吸道畅通。

（4）立即呼叫“120”急救电话，请求救治。

（5）如呼吸、心跳停止，应立即进行心肺复苏。

（6）妥善处理局部电烧伤的伤口。

51. 在临床上中暑可分为哪几种类型？

中暑在临床上可分为三种类型，即热射病、热痉挛和热衰竭。

52. 中暑应怎样急救处置？

轻度中暑时，应立即撤离高温环境到通风阴凉处休息；

饮糖盐水及清凉饮料，也可内服人丹；迅速为其进行物理降温；严重中暑者要立即送医院抢救。

53. 如何判定触电伤员呼吸、心跳？

触电伤员如意识丧失，应在10s内用看、听、试的方法，判定伤员呼吸心跳情况。看：看伤员的胸部、腹部有无起伏动作；听：用耳贴近伤员的口鼻处，听有无呼气声音；试：试测口鼻有无呼气的气流，再用两手指轻试一侧（左或右）喉结旁凹陷处的颈动脉有无搏动。若看、听、试结果，既无呼吸又无颈动脉搏动，可判定呼吸、心跳停止。

54. 员工发生开放性胸部损伤，现场人员应如何救治？

（1）迅速用纱布或棉花包扎伤口。

（2）伴有肋骨骨折的，防止骨端刺破胸膜和肺脏。

（3）平放在担架或木板上。

（4）送往医院抢救。

55. 员工溺水，现场人员应如何救治？

（1）头偏向一侧，清除口、鼻腔内泥沙及污物，将舌拉出口外，保持呼吸道通畅。

（2）救护者取半跪姿势，将溺水者的腹部放在大腿上，使头部下垂，轻压其背部。

（3）心跳、呼吸、停止者进行人工呼吸和心脏按压。

（4）换上干衣物，注意保暖。

（5）尽快送往医院抢救。

56. 员工受到电击伤，现场人员应如何救治？

（1）切断电源。

（2）呼吸、心跳停止者，进行人工呼吸或心脏按压。

（3）针刺人中穴。

（4）复苏后及时进行伤口包扎。

（5）送往专业医院治疗。

57. 冻伤现场常用急救措施有哪些？

（1）周围环境保持在22～25℃。

（2）将冻伤部位侵入38～42℃的水中。

（3）可饮用少量饮料，增加身体热量，使毛细血管扩张。

（4）禁止用火烤、冷水浸泡或雪搓。

（5）严重者送往医院。

58. 心脏骤停现场常用急救措施有哪些？

（1）检查大动脉搏动。

（2）将伤员置于复苏体位，同时呼唤他人帮助。

（3）胸部叩击1～2次。

（4）叩击不能复苏，进行人工呼吸或心脏按压。

（5）送往医院。

59. 脊柱损伤现场常用急救措施有哪些？

（1）发现出血应立即止血。

（2）采用平卧搬运法以免骨折移位。

（3）对呼吸困难者进行吸氧。

（4）心跳、呼吸停止者，进行人工呼吸和心脏按压。

（5）送往医院抢救。

60. 休克现场常用急救措施有哪些？

（1）让病人平卧，下肢稍抬高，以利于对大脑供血。

（2）保持呼吸道畅通，以防止发生窒息。

（3）避免随意搬动，以免增加心脏负担。

（4）立即吸氧。

（5）心跳、呼吸停止者进行人工呼吸和心脏按压。

（6）送往医院抢救。

61. 呼吸道异物阻塞现场常用急救措施有哪些？

（1）液体异物堵塞，饮一些水或让病人呕吐。

（2）若异物在喉部，要迅速清除口腔及喉部的异物。

（3）异物已坠气管的，送往医院抢救。

62. 机械性损伤现场常用急救措施有哪些？

（1）清洗患处扩创包扎。

（2）心跳、呼吸停止者进行人工呼吸和心脏按压。

（3）四肢骨折要加以固定。

（4）脊柱骨折，让病人平卧在硬板上或担架上。

（5）避免颠簸。

（6）送往医院抢救。

63. 头颈损伤现场常用急救措施有哪些？

（1）固定头颈。

（2）恶心呕吐者头应侧转。

（3）呕吐量多者可采取俯卧位。

（4）送往医院抢救。

64. 现场常用应急设备有哪些？

（1）通信设备：防爆对讲机、无线电话、手摇式报警器等。

（2）急救设备：急救箱，包括创可贴、纱布、绷带、三角绷带、剪刀、外用药、防中暑药品、担架等。

（3）个人防护设备：防护服、安全帽、护目镜、听觉保护器、安全手套、安全鞋、防毒面具、呼吸器和安全带等。

（4）消防设备：手提式干粉灭火器、推车式干粉灭火器、二氧化碳灭火器、消防挂架（消防斧、消防钩、消防桶、消防锹)、消防沙等。

(5) 监测设备：有毒有害气体监测仪等。

(6) 其他应急设备：警戒带、车辆防火帽（罩)、防爆手电、应急灯、危险标识牌等。

65. 如何进行口对口（鼻）人工呼吸?

在保持伤员气道通畅的同时，救护人员用放在伤员额上的手的手指捏住伤员鼻翼，救护人员深吸气后，与伤员口对口紧合，在不漏气的情况下，先连续大口吹气两次，每次1~1.5s。如两次吹气后试测颈动脉仍无搏动，可判断心跳已经停止，要立即同时进行胸外按压。除开始时大口吹气两次外，正常口对口（鼻）呼吸的吹气量不需过大，以免引起胃膨胀，吹气和放松时要注意伤员胸部应有起伏的呼吸动作。触电伤员如牙关紧闭，可口对鼻人工呼吸。口对鼻人工呼吸吹气时，要将伤员嘴唇紧闭，防止漏气。

66. 如何对伤员进行胸外按压?

(1) 救护人员右手的食指和中指沿触电伤员的右侧肋弓下缘向上，找到肋骨和胸骨接合处的中点。

(2) 两手指并齐，中指放在切迹中点（剑突底部)，食指平放在胸骨下部。

(3) 另一只手的掌根紧挨食指上缘，置于胸骨上，找准正确按压位置。

(4) 救护人员的两肩位于伤员胸骨正上方，两臂伸直，肘关节固定不屈，两手掌根相叠，手指翘起，不接触伤员胸壁。

(5) 以髋关节为支点，利用上身的重力，垂直将正常人胸骨压陷3~5cm（儿童和瘦弱者酌减)。

(6) 压至要求程度后，立即全部放松，但放松时救护人

员的掌根不得离开胸壁。按压必须有效，有效的标志是按压过程中可以触及颈动脉搏动。

67. 心肺复苏法操作频率有什么规定？

（1）胸外按压要以均匀速度进行，每分钟 80 次左右，每次按压和放松的时间相等。

（2）胸外按压与口对口（鼻）人工呼吸同时进行。其节奏为：单人抢救时，每按压 15 次后吹气 2 次（15∶2），反复进行；双人抢救时，每按压 5 次后由另一人吹气 1 次（5∶1），反复进行。

68. 石油、天然气对人体的毒害作用是什么？

原油、油砂属于石油类污染物。原油落地后与地面的水、砂、泥土形成混合物，当暴露在空气中时，其中的轻烃会挥发进入大气，造成大气污染。原油渗入土壤后，会造成土壤和地下水体污染，影响农业生产和人体健康。当原油随雨水等地表径流进入河流水域时，会造成地表水体污染，严重时影响水生生物的生存。

天然气中的硫化氢对人体有害，燃烧时通风不良也可能导致中毒。天然气是易燃气体，稍不留意，就有着火、爆炸的危险。

69. 对日常工作中经常进入硫化氢风险区域的工作人员有哪些要求？

（1）识别潜在的硫化氢危害。（2）熟练掌握各种类型呼吸器材的使用方法。（3）熟练掌握检测仪报警时应该采取的行动和措施。（4）熟练掌握硫化氢紧急泄漏的处理程序。

70. 在生产过程中会产生哪些有害因素？

（1）化学因素：包括生产性粉尘和化学有毒物质。生产性粉尘有矽尘、煤尘、石棉尘、电焊烟尘等。化学有毒物质有铅、汞、锰、苯、一氧化碳、硫化氢、甲醛、甲醇等。

(2) 物理因素：异常气象条件（高温、高湿、低温）、异常气压、噪声、振动、辐射等。

(3) 生物因素：附着于皮毛上的炭疽杆菌。

71. 事故应急救援的基本任务是什么?

(1) 立即组织营救受害人员，组织撤离或者采取其他措施保护危害区内的其他人员。

(2) 迅速控制事态，并对事故造成的危害进行检测，监测、测定事故的危害区域、危害性质及危害程度。

(3) 消除危害后果，做好现场恢复。将事故现场恢复至相对稳定的状态。

(4) 查清事故原因，评估危害程度，并做好总结救援工作中的经验教训。

72. 发生事故时应怎样报告?

(1) 发生事故后，事故当事人或发现人应立即报告上级领导，紧急情况要报警。

(2) 伤亡、中毒事故，保护现场并迅速组织人员施救，防止发生次生事故。

(3) 任何事故无论大小，均应在第一时间以最快方式向上级主管或单位报告。

(4) 报告必须真实，不得漏报、瞒报、隐瞒事故真相。

73. 发生事故时的汇报内容应包括哪些内容?

(1) 事故发生的时间、地点及事故现场情况。

(2) 事故的简要经过、伤亡人数（包括下落不明的人数）和初步估计的直接经济损失。

（3）事故发生原因的初步判断。

（4）事故发生后采取的措施及实施效果。

（5）事故报告单位。

74. 产生疲劳的原因有哪些？

（1）工作条件因素：①劳动制度和生产组织不合理。②机器设备和工具条件差，设计不良。③工作环境很差。

（2）作业者本身的因素：包括作业者的熟练程度、操作技巧、身体素质及对工作的适应性，营养、年龄、休息、生活条件以及劳动情绪等。

75. 造成员工心理疲劳的诱因主要有哪些？

（1）劳动效果不佳。（2）劳动内容单调。（3）劳动环境缺少安全感。（4）劳动技能不熟。（5）劳动者本人的思维方式及行为方式导致的精神状态欠佳、人际关系不好、上下关系紧张以及家庭生活的不顺等。

76. 在生产实践中常会出现的不安全情绪有哪些？

会出现两种不安全情绪：

（1）急躁情绪：急躁情绪的表现特征是干活利索但毛躁，求成心切但欠谨慎，工作不够仔细，有章不循，手与心不一致等。

（2）烦躁情绪：烦躁情绪的特征表现为沉闷、不愉快、精神不集中，严重时自身器官及生理机能往往不能很好地协调，更难以与外界条件协调一致。

77. 高温作业环境对人的影响包括几个方面？

（1）高温环境使人心率和呼吸加快。（2）湿热环境对中枢神经系统具有抑制作用。（3）高温环境下，人的水分和盐分大量丧失。

78. 低温环境对人体有哪些影响?

人体在低温下，皮肤血管收缩，体表温度降低，使辐射和对流散热达到最低程度。在严重的冷暴露中，皮肤血管处于极度的收缩状态，流至体表的血流量显著下降或完全停滞，当局部温度降至组织冰点（-5℃）以下时，组织就发生冻结，造成局部冻伤。此外，最常见的是肢体麻木，特别是会影响手的精细运动灵巧度和双手的协调动作。

79. 为什么疲劳驾驶极易产生交通事故?

疲劳后继续驾驶车辆，会感到困倦瞌睡、四肢无力、注意力不集中、判断能力下降，甚至出现精神恍惚或瞬间记忆消失，还可能出现动作迟误或过早、操作停顿或修正时间不当等不安全因素，极易发生道路交通事故。因此，疲劳后严禁驾驶车辆。

80. 抽油机操作中的主要风险有哪几点?

触电、机械伤害、高空坠落、火灾。

81. 游梁式抽油机存在着哪十大危险?

（1）平衡块旋转危险。（2）皮带传动危险。（3）减速箱高处作业危险。（4）电机漏电危险。（5）操作台高处作业危险。（6）电机电缆漏电危险。（7）节电控制箱漏电危险。（8）制动失灵危险。（9）毛辫子悬绳器危险。（10）攀梯危险。

82. 抽油机井测试过程中容易发生哪些人身伤害事故?

抽油机井测试过程中容易发生机械伤害事故和物体打击类伤害事故。

机械伤害类事故主要有:（1）挤压伤：曲柄、平衡块、光杆等部件在旋转或往复运动中，人体被其夹住而挤压受伤。

（2）碰伤：人与往复运动部件、物体如驴头、悬绳器等发生碰撞而受到伤害。（3）绞伤：如皮带机、联轴器等部件在运动中，运动部件将衣物、头发、抹布等挂住，进而造成人体被其卷进而拧绞受伤。

物体打击类伤害事故主要有：（1）飞物伤人：丝杠、卡瓦、压力表盘等物体在外力的作用下产生运行，打击人体，造成人身伤亡事故。（2）落物伤人：设备或建筑高处的物体如钢板、螺栓、锤等在重力的作用下产生运行，打击人体，造成人身伤亡。（3）高压打击：高压液体或气体意外释放喷出，直接作用于人体造成伤害。

83. 引起仪器电池爆炸的原因有哪些？

（1）电池筒密封件失效，造成地层液体进入电池筒，使电池短路而发生爆炸。（2）地层温度太高，超过了电池的额定温度指标。（3）电子压力计控制程序的加密区设置太长，使工作电流所产生的持续高温在地层中来不及散发，致使电池发生爆炸。（4）充电时间过长，或充电器电流过大致使电池发生爆炸。（5）仪器电池存放位置不当，造成电池温度过高而发生爆炸。

84. 如何避免高温电池爆炸？

（1）下井仪器要仔细检查电池筒的密封圈和支承环，一旦有问题应立即更换。（2）在编制压力计的控制程序时不要将加密区设置得太长，以免电池供电电流所产生的热量由于采点过于频繁而无法散发。（3）起下仪器时不要猛提猛刹，防止碰撞而使电池筒变形造成不密封。（4）拆装仪器时要轻拿轻放，电池充电时，充电时间不宜过长。（5）电池要低温存放，不能在日光下曝晒或靠近火源。

85. 在产有毒气体的井上测试时注意事项有哪些?

(1) 用最少的人员。测试前召开专门的安全会，强调人员防护设备的使用和制订急救措施。(2) 测试前认真检查准备好应急呼吸器。(3) 测试前认真检查好有毒气体检测仪。(4) 产出气体含硫化氢时，应使用抗硫钢丝（电缆)、抗硫防喷管和抗硫防喷盒。(5) 测试期间产出的气体应排出并用燃烧器烧掉。

86. 有毒有害气体泄漏时的处理程序是什么?

(1) 现场发现有毒有害气体泄漏、有人员中毒或监测仪器发出警报时，应立即发出撤离信号，和其他人员一起向安全区域（毒气源上风口）撤离，现场负责人清点人数，并向本单位领导和医院报告。

(2) 救助人员要正确佩戴安全防护设施（如正压式空气呼吸器等）后，在保证自身安全的情况下，迅速使中毒人员脱离有毒有害气体区域，将其转移到安全的空气新鲜处。有条件应立即配给氧气并送医院抢救。

(3) 在保证安全的前提下（如佩戴正压式空气呼吸器后)，迅速关井，切断毒气源。

(4) 在保证安全的前提下，现场负责人应组织人员进行警戒，防止其他人员进入危险区域。

87. 低压测功图时安全注意事项有哪些?

(1) 测试前应了解电源线路及电压，电压必须与仪器熔断丝熔断的电压相符，以免烧毁仪器。

(2) 必须认真执行停启抽油机操作规程。

(3) 雨天操作仪器需戴绝缘手套、穿胶靴，以防漏电伤人。

（4）一般不准使用卡瓦卡光杆。

（5）测试过程中，不管出现任何故障，必须先停抽油机，再处理和排除故障。不允许抽油机在运转的情况下进行任何处理或排除故障。在抽油机平衡块附近工作时，要特别注意安全。

（6）在结蜡、出砂严重的井上测试时，操作要迅速，停泵时间要短，以免卡泵。

（7）装卸仪器时，若悬绳器上、下夹板顶开的高度不够时，不准硬行装卸；装好仪器后，必须锁好安全锁，防止遇卡时摔坏仪器。

（8）测试时，操作者应站在安全位置，不许正面对着驴头及悬绳器，以防卡泵时仪器甩出伤人。

（9）禁止在井口吸烟或点明火。

88. 测试时为何使用警示标志？

（1）禁止非工作人员进入警示区域，避免发生人员伤害。

（2）警示操作人员杜绝违章指挥和违章操作。

89. 注水井测试时如何避免物体打击类事故的发生？

（1）井口岗在高处作业时，禁止乱扔工具、仪器或其他物料，禁止同地面人员抛接工具等。

（2）手持工具和零星物料应随手放在工具袋内，禁止在防喷管操作台、井口阀门及大法兰等位置上放置工具、仪器等物品。

（3）在传送仪器及工具时，一定要注意相互间的配合及相互呼唤确认对方抓牢后方可放手。

（4）严禁操作使用带“病”设备、工具及仪器等。

（5）排除设备绞车故障或清理油污前，必须停机状态下进行。

(6) 关开阀门要注意避让开阀门及防喷管放空阀等部位。

(7) 禁止用低压管、阀代替高压管、阀使用。

90. 钢丝作业对作业环境和人员有哪几方面的要求?

(1) 照明度。(2) 风力。(3) 有害物质。(4) 动火作业条件。(5) 人员精神状态。

91. 钢丝测试过程中安全注意事项有哪些?

(1) 现场测试过程中,当仪器起到井口时,一定要探闸板,听到声音后,才能关死阀门。

(2) 在作业井测试时,操作人员必须戴安全帽,以防井架上落物伤人。

(3) 操作试井绞车挂离合器前,必须将绞车摇把拉出,以免伤人。

(4) 禁止用管钳、扳手或其他金属器械在井口猛烈敲打,以免造成井口损坏及打出火花引起井口漏气部位着火。

(5) 不要用棉纱、毛毡等物在盘根帽与滑轮之间擦抹钢丝上油污,防止压手或钢丝跳槽。

(6) 在稠油井、高凝油井测试时,防喷管需用绷绳加固或同时用地滑轮导向,以免负荷过重造成事故。

(7) 井场内不准吸烟或点明火。

(8) 开、关阀门要平稳,严禁身体正对阀门进行开关。

(9) 仪器通过油管鞋时,放慢起下速度,最好用手摇绞车使仪器进入油管鞋上 20m 后,改为机动绞车上起,防止仪器碰到油管底部,拉断钢丝,造成落物事故。

(10) 对高产井、气油比高的井,下放仪器需加重防止顶钻发生。

92. 试井施工安全注意事项有哪些?

(1) 施工前详细了解该井管柱结构,防止造成仪器遇卡

等工程事故。

（2）施工前认真检查防喷管及连接情况。

（3）仪器连接前要检查密封胶圈，连接要紧固。

（4）搬运仪器时，轻拿轻放，防止伤人和仪器。

（5）登高作业时佩戴好安全带、安全绳等防护品，要有人监护。

（6）开关阀门时应保持侧身位。

（7）起下仪器时，严禁跨越钢丝，防止弹起伤人。

（8）起仪器时要根据钢丝负荷情况随时调整速度，防止起下钢丝速度过快，钢丝拉断，造成仪器落井。

（9）上下井口时手要扶好梯子，脚站稳后方可上下。

（10）起下仪器检查滑轮工作状况时，严禁触摸滑轮。

93. 气井试井施工安全注意事项有哪些？

（1）进入气井测试施工现场前，施工人员必须佩戴防静电工服、工鞋、安全帽、手套。

（2）进入气井测试施工现场时手机必须关机，车辆必须使用防火帽。不允许携带火种进入测试井场。

（3）气井测试班组必须配备空气呼吸器、可燃气体报警器。

（4）测试施工必须使用防爆工具。

（5）气井测试施工前，使用可燃气体报警器对气井测试施工现场及周围进行气体监测检查。对采油树阀门、仪表流程进行安全检查，确认是否具备安全施工条件。

（6）测试车辆摆放在上风口，进入井场后车辆熄火，绞车轮胎下打好掩木。每次发动车辆时都必须使用可燃气体报警器进行气体检测。

（7）车辆电路系统和车载地面仪器无短路和漏电现象，

接地线和接地棒符合要求。

（8）车载发电机必须有防爆设备。

（9）气井测试施工时，使用警戒带划定施工区域，与气井测试无关人员禁止入内。按要求摆放好灭火器，确定逃生路线。

（10）井口施工严禁敲击，以防产生火花。

（11）高空作业时井口岗需要佩戴安全带。

94. 制作试井绳帽有哪些安全注意事项?

（1）操作前要正确穿戴好劳动保护用品。

（2）在井场宽阔处，检查周围有无障碍物，避免发生意外闪躲时造成人身伤害。

（3）用手钳缠绕时必须将钢丝头抓紧，避免钢丝反弹回来造成人身伤害。

95. 高空作业级别是如何划分的?

（1）作业高度在 2 ~5m 时，称为一级高空作业。

（2）作业高度在 5 ~15m 时，称为二级高空作业。

（3）作业高度在 15 ~30m 时，称为三级高空作业。

（4）作业高度在 30m 以上时，称为特级高空作业。

96. 登高作业应注意什么?

（1）五级以上大风、雪、雷雨等恶劣天气，禁止登高作业。

（2）禁止攀登有积雪、积冰的梯子。

（3）2m 以上的登高作业时必须系安全带。

第三部分 基本技能

一、操作技能

1. 打录井钢丝绳结

准备工作：

（1）正确穿戴劳动保护用品。

（2）工用具、材料准备：200mm 手钳 1 把，注水井测试堵头 1 个，测试绳帽 1 个，ϕ2.4mm 试井钢丝 1000m，擦布一块。

操作程序：

（1）操作前的检查：

①用擦布擦拭测试钢丝，检查钢丝有无生锈、腐蚀、砂眼、死弯等现象。

②检查手钳是否有锈蚀，是否灵活好用。

③检查测试堵头螺纹是否完好，孔眼是否符合要求。

④检查绳帽螺纹是否完好。

（2）将测试钢丝从测试堵头及测试绳帽依次穿过。

（3）将测试钢丝从堵头及绳帽处拉出，用脚踩住钢丝，将堵头及绳帽放在适当位置。

(4) 双手拿住钢丝，打出圆环，修正圆环，使之与主股钢丝对称。

(5) 拉紧钢丝短的一头进行缠绕，下面一层四圈，上面一层三圈，钢丝排列整齐、紧密。绳结总长度不得超过25mm，圆环不得大于12mm，不得小于6mm。

(6) 剪掉多余的钢丝，将绳结根部理直。

(7) 将绳结拉入绳帽内，检查绳帽是否转动灵活。

(8) 清理现场，打扫卫生。

操作安全提示：

(1) 用手钳掰正圆环时一定要夹住圆环，防止手钳没有夹持住钢丝而伤人。

(2) 缠绕钢丝时抓紧钢丝不能松手，防止钢丝反弹伤人。

(3) 剪掉多余的钢丝头时，防止划伤。

2. 制作连接电缆头

准备工作：

(1) 正确穿戴劳动保护用品。

(2) 工用具、材料准备：450mm 管钳 1 把，300mm 扳手 1 把，200mm 手钳 1 把，十字螺丝刀 1 把，数字万用表 1 块，剥线钳 1 把，电缆绞车 1 台，井下测调仪 1 套，电缆头 1 个。

操作程序：

(1) 将车厢内电源断开，将电缆从绞车上拉出 5 ~ 10m。

(2) 用锉刀将电缆在距离电缆头 10cm 左右位置，挫出一道 0.2mm 深痕。将电缆外壳掰断，然后用剪刀将电缆的内芯剪断。

(3) 将电缆头上的防退螺丝卸掉，将防退弹簧挡圈从槽内起出后卸掉。

（4）用扳手固定住电缆头的上半部分，另一个扳手固定住电缆头的下部分，然后另一只手沿着顺时针的方向拧电缆头的中间密封腔管部分，直至将电缆头的上下部分卸掉。

（5）用扳手卸掉电缆头上半部分的压紧螺帽，取出电缆卡子、垫片、弹簧。

（6）将电缆依次穿过测试防喷堵头、电缆头、弹簧、垫片、电缆卡子，用压紧螺帽压紧。

（7）用锉刀在距离压紧螺帽 1cm 处挫 0.2mm 深的痕迹，将电缆的外壳掰断，去除编织层。

（8）用防水胶带将电缆外壳和电缆内芯缠紧，防止电缆进水。

（9）电缆芯留有合适的长度，然后用剪刀将多余的电缆芯剪断，用拨线钳将电缆芯外皮剥掉。

（10）将电缆内芯穿过电缆头的中间密封腔管部分，然后将上下电缆芯连接起来，然后将连接部位用防水胶带缠紧。

（11）固定住电缆头的上部和下部，逆时针旋转电缆头的连接部分。连接紧固后将弹簧挡圈放入挡圈槽内固定好，然后用十字螺丝刀将电缆头下部的固定螺钉上紧。

（12）断开电缆与控制箱连接后，用兆欧表测量电缆绝缘，阻抗大于 100MΩ 时说明绝缘正常。

（13）连接控制箱及笔记本电脑，并将电缆头与测调仪用导线连接，然后打开电源，使仪器进入测试状态后，分别测量仪器的工作电压和工作电流，与控制箱显示一致为正常。

操作安全提示：

（1）电缆从绞车上拉出足够的长度。电缆越短弹性越大，如拉出的长度不够会导致电缆因弹力伤及操作人员。

（2）用锉刀锉电缆时，易发生伤人事故。

(3) 打磨电缆毛刺时，一定把住电缆，防止电缆把不住弹开伤及操作人员。

(4) 测量电压、电流要注意防止短路事故的发生，使用兆欧表测量完阻抗，必须进行放电。

3. 电子压力计的测前检查及设置

准备工作：

(1) 正确穿戴劳动保护用品。

(2) 工用具、材料准备：450mm 管钳 1 把，75mm 平口、十字螺丝刀各 1 把，压力专用扳手 2 把，压力计电池测压设备 1 套，压力回放设备 1 台，压力计 1 支，通信电缆 1 根，压力计专用密封圈 5 个，无酸润滑油 100g。

操作程序：

(1) 检查电子压力计检验记录和检定合格证。

(2) 检查压力计量程、精度、直径、长度及耐温符合测试施工要求。

(3) 检查电池电压、通信电缆是否正常。

(4) 检查压力计外观无变形、伤痕，压力计各部螺钉紧固、密封圈无破损。

(5) 检查传压孔畅通，无堵塞，加重杆、绳帽螺纹完好。

(6) 用通信电缆将压力计和回放设备连接后，打开电源开关，输入井号，检查压力计与回放设备的数据通信功能。

(7) 根据测试内容设置时间表，关闭回放设备电源，拔下通信电缆。

(8) 安装电池，确认仪器进入工作状态后，上好电池短节，连接加重杆、绳帽，用专用扳手紧固各连接部位，准备下井。

操作安全提示：

（1）上卸仪器时，禁止用管钳上卸。

（2）操作时要轻拿轻放，禁止猛顿、猛放。

（3）连接数据线或放入电池时，一定要保证正确插接。

（4）连接和拔下数据线要在关机状态下进行。

4. 存储式井下流量计使用前的检查

准备工作：

（1）正确穿戴劳动保护用品。

（2）工用具、材料准备：450mm 管钳 1 把，仪器专用扳手 2 把，数字万用表 1 块，存储式井下流量计 1 支，擦布若干，润滑油若干。

操作程序：

（1）检查电子流量计是否在检定周期内，选择合适量程的井下流量计。

（2）检查电子流量计的外观是否完好，有无弯曲的现象。

（3）检查电子流量计各部螺钉是否有松动。

（4）检查电子流量计螺纹是否完好，如有磨损和错扣应及时更换。

（5）检查电子流量计各个连接部位是否有松动。

（6）检查并擦拭电子流量计的上下探头及传压孔，保证上下探头清洁，传压孔畅通。

（7）检查通信电缆外观是否完好，与回放设备通信正常。

（8）检查并测量电池电压能否满足测试要求，电压过低应及时充电。

（9）检查流量计回放仪电压是否正常，指示灯显示红色为欠压，应及时充电。

（10）检查加重杆是否弯曲，螺纹是否完好，上、下扶正器是否完好，弹性合适。

(11) 检查绳帽螺纹及绳结是否完好，否则应及时更换绳帽和重新打绳结。

(12) 将绳帽、电池、上扶正器、流量计、下扶正器、加重杆顺序连接并紧固。

操作安全提示：

(1) 上卸仪器时，禁止用管钳上卸。

(2) 操作时要轻拿轻放，禁止猛顿、猛放。

(3) 插接数据线时，要在关机状态下进行，要保证正确插接后。

(4) 各部螺纹及螺钉一定要紧固牢靠，防止造成仪器脱扣发生掉落。

5. 综合测试仪测试前的检查

准备工作：

(1) 正确穿戴劳动保护用品。

(2) 工用具、材料准备：综合测试仪专用工具 1 套，200mm 活动扳手 1 把，100mm 平口、十字螺丝刀各 1 把，500 型万用表 1 块，综合测试仪 1 台，大布若干。

操作程序：

(1) 检查仪器主机及载荷位移传感器的电压正常，能满足测试要求。

(2) 检查综合测试仪操作面板完好，各操作键灵活有效。

(3) 检查传输电缆、信号电缆及插头齐全良好完好。

(4) 检查载荷位移传感器、电流传感器外观完好、部件齐全、螺钉紧固、无变形损坏。

(5) 检查位移拉线，拉出后能自动回位，无发卡现象。

(6) 检查液面发声装置齐全完好，各接头螺纹良好。

(7) 检查击发机构良好，检查测试微音器。

(8) 连接好信号线，打开电源、模拟输入井号、测试日期，套压等数据。

(9) 模拟动液面和示功图测试，检验仪器测试性能。

(10) 关机后拔下信号电缆，收拾工具，恢复原貌。

操作安全提示：

(1) 插接通信电缆时，要在关机下进行。

(2) 检查螺纹时戴好手套，防止螺纹伤手。

(3) 检查电源时，平稳操作，防止发生触电伤人。

6. 启、停抽油机操作

准备工作：

(1) 正确穿戴劳动保护用品。

(2) 工用具、材料准备：试电笔 1 支，抽油机井 1 口，绝缘手套 1 副，细纱布若干，报表 1 张，记录笔 1 支。

操作程序：

(1) 操作前的检查：

①检查抽油机各连接部位牢固可靠，刹车完好灵活，皮带无损伤，松紧合适。

②检查刹车是否完整、灵活、可靠、有无自锁现象。

③检查井口设备完好，防喷盒密封填料、井口阀门不渗漏。

④井口生产流程正常，出油管线畅通。

(2) 用试电笔对配电箱进行验电后，戴绝缘手套打开配电箱，确认电路设备完好。

(3) 松开刹车，合空气开关，点按启动按钮，让曲柄摆动。当曲柄摆动方向与抽油机运转方向一致时，再按下启动按钮，顺势启动抽油机。如连续 3 ~ 4 次仍不能启动时，应停车检查。

(4) 待电动机运转正常后将手柄推置运行位置；检查抽油机各部运转是否正常，是否有异响。

(5) 对于新井或长停井，重新开抽前，应人工盘动皮带后再启动抽油机。

(6) 停抽油机：

①验电后，戴绝缘手套按停止电钮，让电动机停止工作。

②刹紧刹车，分开空气开关，将自启开关扳到关的位置。

③根据操作需要，将驴头停在适当位置。

④一般驴头停在上冲程的1/2～2/3处。曲柄停在右上方(井口在左前方时)，以便开抽时容易启动。

⑤对于出砂井，驴头停在上死点；气油比高、结蜡严重的井及稠油井，停在下死点。

操作安全提示：

(1) 打开配电箱前一定要先验电，确认安全后方可操作。

(2) 操作时，戴绝缘手套，女员工的辫子要压在帽子里。

(3) 停机时，需检查控制箱内有无自启开关。如开关在自动位置，应将开关扳向手动。

(4) 停机后，一定要拉紧刹车，侧身将空气开关分离开。

(5) 启动时，曲柄摆动方向和抽油机转动方向必须一致，否则禁止启动。

(6) 按启动电钮，连续启动3～4次不成功时，应停机检查。

(7) 启动时，抽油机附近严禁站人，特别是曲柄旋转处。

(8) 盘动皮带时禁止用手抓皮带。

7. 抽油机井开井操作

准备工作：

（1）正确穿戴劳动保护用品。

（2）工用具、材料准备：600mm 管钳 1 把，F 形扳手 1 把，200mm 活动扳手 1 把，试电笔 1 支，抽油机井 1 口，井口装置为 CY250 型采油树，关井状态为测静压流程，纸、笔若干。

操作程序：

（1）操作前的检查：

①检查油、水井井口设备，不渗不漏。

②检查地面流程状态，是开还是关。

③检查井口各个阀门，齐全完好，开关灵活。

④检查抽油机刹车是否灵活，皮带完好，安装适合。

（2）首先用试电笔对抽油机配电箱进行验电。

（3）联系并确认计量间流程是否已倒到正常生产流程，记录好此时关井状态油套压值。

（4）用 F 形扳手平稳打开生产阀门，听出油声音，观察压力变化，此时井口油压表指针有明显变化。

（5）检查并上紧套管测试堵头，注意观察有否漏失现象，缓慢打开测试套管阀门，待套压表基本稳定后开大。

（6）把密封盒松半扣左右，启动抽油机：松刹车，合空气开关，点启一次抽油机，待曲柄运动方向与正常运转方向一致时，再次按启动按钮，启动抽油机。

（7）检查井口流程，在确认无误时，再检查抽油机运转状态并调整光杆密封圈松紧。

操作安全提示：

（1）操作前必须用试电笔对设备进行验电。

（2）开井前一定要与采油工联系、沟通，保证计量间内流程符合开井要求。

（3）若抽油机因故不能及时启抽，要通知采油队处理。

（4）使用F形扳手或管钳开阀门时，注意开口向外。

8. 注水井测试时的开、关井操作

准备工作：

（1）正确穿戴劳动保护用品。

（2）工用具、材料准备：600mm 管钳 1 把，F 形扳手 1 把，瞬时流量仪或秒表 1 块，记录笔 1 支，记录纸若干。

操作程序：

（1）检查生产阀门、总阀门、套管阀门、放空阀门灵活好用。

（2）先关生产阀门，再关总阀门，开放空阀门泄压。

（3）卸开堵头，安装防喷装置。

（4）安装完成后，先关测试阀门，再关放空阀门，缓慢打开总阀门，再打开生产阀门，控制好注水量，待注水压力稳定后开始测试。

（5）测试完毕后，先关生产阀门，再关总阀门，开放空阀门泄压。

（6）卸下防喷装置，上堵头，关放空阀门，缓慢打开总阀门，开生产阀门。

（7）按配注要求，控制好注水量。

（8）收拾工具，清理现场。

操作安全提示：

（1）开关阀门时，要侧身操作、缓慢打开。

（2）F形扳手开口朝外，咬住阀门手轮，扳动扳手手柄。

（3）冬季关井要防止管线、冻结。

9. 偏心井口抽油机井流、静压测试的操作

准备工作：

（1）正确穿戴劳动保护用品。

（2）工用具、材料准备：黄油500g，棉纱500g，600mm管钳1把，试电笔1支，19~22号开口扳手1把。

操作程序：

（1）根据设计书的测试项目和技术要求，了解测试井的试井条件。

（2）根据测试内容和设计书的技术要求，准备好上井测试的设备、仪器和各种工具。

（3）检查压力计的采样时间间隔。

（4）仪器下井前的操作：

①选好停车位置。

②钢丝盘绕计量轮后，穿过防喷管堵头和仪器绳帽1.5m。

③打绳结，与压力计和加重杆连接并逐级紧固。

④将仪器装入防喷管，紧固防喷管堵头。

⑤断开抽油机电源，驴头停在上死点。

（5）仪器下井操作：

①安装井口短节，连接防喷管。

②拉紧钢丝，打开测试阀门。

③平稳下放仪器过井口后，关闭测试阀门。

④放空后卸下防喷管并置于支架，使井口、防喷管、绞车处于一条直线上。

⑤紧固井口堵头，安装测试滑轮。

⑥打开测试阀门，手摇钢丝至井口，计数器归零。

⑦启动抽油机。

⑧平稳下放仪器，速度不超过100m/min，将仪器下到设

计深度。

（6）测流压操作：

①按照测压施工设计书的深度和时间设计，将仪器下到设计深度测流压台阶，流压台阶停测时间不少于20min。

②仪器下不到设计深度，若第一下入深度在动液面以下超过100m时，仪器在第一下入深度停测第一流压台阶，然后上提仪器100m，停测第二个流压台阶；若第一下入深度在动液面以下不超过100m时，仪器在第一下入深度停测第一流压台阶，然后根据实际情况上提仪器，至动液面以下，停测第二个流压台阶，流压台阶停测时间不少于20min。

（7）测静压操作：

①测完流压后停机，驴头停在上死点，迅速关闭生产阀门、测试阀门，上紧堵头密封填料压帽，井口无渗漏。

②卸下滚筒并固定，井口悬挂关井示意牌，并通知采油工关井时间。

③实际关井时间应不少于设计关井时间。

（8）上起仪器操作：

①达到设计关井时间后，通知采油队开井启抽。

②上提仪器时平稳操作，速度不超过100m/min，过导锥前后20m深度段时，应手摇绞车，当仪器距井口150m时，应减速至20m/min，当仪器距井口20m时，应手摇绞车将仪器起至井口。

③断开抽油机电源，驴头停在上死点。

④关闭测试阀门，连接防喷管，关闭防喷管放空阀门，打开测试阀门，将仪器上提到防喷管内，关闭测试阀门，放空后卸下防喷管、井口短节及滑轮。

⑤启动抽油机，重新生产。

⑥取出仪器，进行拆卸。

（9）测压后的处理：

①将仪器及工具擦净后放入试井车，固定存放，打扫井场。

②通知采油队该井测试完毕。

③回放并保存压力计测压（温度）原始数据、曲线，连同相关报表审核签字后上报至解释部门。

操作安全提示：

（1）注意停车位置，停在上风口。

（2）起下过程中，绞车与井口间禁止站人，注意钢丝弹起伤人。

（3）注意堵头应上紧，防止喷油气。

（4）拆卸、安装防喷管时注意重物伤人。

（5）启、停抽油机要戴绝缘手套，防止触电。

（6）抽油机附近禁止站人，防止平衡块伤人。

10. 电泵井测压（坐阀）操作

准备工作：

（1）正确穿戴劳动保护用品。

（2）工用具、材料准备：黄油 500g，棉纱 500g，机油 500g，250mm 活动扳手 1 把，螺丝刀 1 把，19 号开口扳手 1 把。

操作程序：

（1）根据设计书的测试项目和技术要求，了解测试井的试井条件。

（2）根据测试内容和设计书的技术要求，准备好上井测试的设备、仪器和各种工具。

（3）检查测压连接器。

(4) 仪器下井前的操作:

①选好停车位置。

②安装防喷管。

③打绳结,组装好压力计和测压连接器。

(5) 仪器下井操作:

①将组装好的仪器装入放喷管。

②打开测试阀门。

③平稳下放仪器。

(6) 测流压操作:

①当仪器下至距测压阀以上 10m 处时,测压力台阶,不少于 5min。

②以适当速度将压力计坐入测压阀,测流压台阶,不少于 5min。

③上起仪器至测压阀上 10m 处,仪器停止上起,测压力台阶,不少于 5min。

④重复以上操作,重复次数不少于三次。

(7) 测静压操作:

①当仪器下至测压阀以上 10m 处时,测压力台阶,不少于 5min。

②以适当速度将压力计坐入测压阀,测流压台阶,不少于 20min。

③流压台阶停完后,停泵、关井,测静压。

(8) 上起仪器操作:

①上起仪器至井口,探闸板。

②打开防喷管放空阀门,放空后,取出仪器。

③拆卸压力计。

(9) 测压后现场处理:

①静压测试后，通知采油工开井、启泵。

②收拾工具，打扫井场，填写报表。

操作安全提示：

（1）注意停车位置，停在上风口。

（2）在登高操作时，注意高空落物伤害。

（3）注意堵头应上紧，防止喷油气。

（4）拆卸、安装防喷管时注意重物伤人。

（5）起下仪器时，注意速度。

11. 深层气井试井操作

准备工作：

（1）正确穿戴劳动保护用品，试井车安装防火帽。

（2）工用具、材料准备：黄油500g，棉纱500g，烃类报警器1个，气井专用600mm管钳1把，气井专用F形扳手1把，22号开口扳手2把，高压防喷装置1套。

操作程序：

（1）测试前与采气矿联系，了解该井的试井条件，明确在测试过程中需要井站人员配合的相关内容。学习应急预案，落实责任，安排值班计划。

（2）根据测试内容和设计书的技术要求，准备好上井测试的设备、适当量程和精度的井下压力计和各种工具。

（3）检查压力计电池电量、密封性能及采样时间间隔。

（4）仪器下井前的操作：

①上风口20m处选好停车位置，卸下原井丝堵。

②安装高压防喷装置，钢丝盘绕计量轮后，穿过防喷堵头和仪器绳帽，打绳结，与压力计和加重杆连接并逐级紧固。

③将滑轮装在防喷管上，仪器平稳装入防喷管内，上紧堵头。

④将试井钢丝放入测试滑轮槽内，并将滑轮对准绞车，调整好密封填料压帽，通知绞车操作人员摇紧钢丝，计数器归零。

（5）仪器下井操作：

①先打开防喷管放空阀门，再缓慢打开测试阀门，向防喷管内充气，使防喷管内的空气完全被天然气替换，关闭防喷管放空阀门，待防喷管内压力和井口压力平衡后，再全部打开测试阀门，按设计要求记录相关数据，通知绞车操作人员下仪器。

②仪器平稳下过总阀门后，以不大于 50m/min 的速度匀速下放，仪器下放过程中要注意油、套压的变化情况，并做记录。

③仪器下井过程中出现遇阻情况不能起下时，应判断遇阻部位及分析遇阻原因，不可强行上提。

（6）资料录取操作：

①按不同施工项目的设计要求录取资料。

②按施工设计要求与井站人员配合改变气井工作制度，记录相关数据。

③测试过程中应保持井内气体不渗不漏。

（7）上起仪器操作：

①调整防喷管堵头压帽，以上起仪器时不漏气为宜。

②挂上滚筒离合装置，先用低速挡上起仪器 100m 后，如果无异常，以不大于 50m/min 速度上起。

③当仪器起到距井口 150m 时减速，起到距井口 20m 时停车，摘掉滚筒离合器，手摇绞车将仪器起至防喷管内。

④关闭测试阀门 2/3，平稳下放仪器试探闸板两次，听到仪器试探闸板的声音，确定仪器已起入防喷管内部，全部关

闭测试阀门。

⑤缓慢打开防喷管放空阀门，放空后松开堵头压帽，卸下堵头。

⑥顺滑轮拉钢丝，将仪器顶部拉出防喷管后，抓住仪器同时放倒测试滑轮，将仪器提出防喷管。

（8）测压后的处理：

①卸下测试滑轮及高压防喷装置，恢复测试前状态，将钢丝摇进滚筒，紧固刹车。

②将仪器及工具擦净后放入试井车，固定存放，打扫井场卫生，通知气站值班人员，调整好井口流程处于正常生产状态。

③数据回放，按设计要求填写现场记录。

操作安全提示：

（1）注意停车位置，停在上风口。

（2）在登高操作时，注意高空落物伤害。

（3）注意堵头应上紧，防止漏气。

（4）拆卸、安装防喷管时注意重物伤人。

（5）烃类报警器报警时，应立即停止施工，撤离相关人员，车辆设备停止运转，判断天然气泄漏部位，采取相应措施。

（6）当井口压力恢复到防喷管额定工作压力的80%时，应及时向上级汇报，并根据上级指示采取相应措施。

12. 使用液面自动监测仪测液面恢复

准备工作：

（1）正确穿戴劳动保护用品。

（2）工用具、材料准备：液面自动监测仪1台，450mm管钳1把，100mm平口螺丝刀1把，专用钩扳手1把。

操作程序:

(1) 连接信号电缆，一端接在井口装置信号插座上，另一端接在测试仪器底部信号插座上，确认连接可靠。

(2) 打开仪器电源开关。

(3) 将低功耗开关拨向“正常”。

(4) 检查电池电压(以使用仪器为准)，保证电量充足。

(5) 进入“液面测试”，输入井号、日期、AB 增益，选择合适的“频响、方式、通道”进行液面测试。

(6) 根据提示，选择合理的方式确定声速，计算出液面深度。

(7) 进入“自动监测”，确认后进行自动监测。

(8) 检查仪器正常后将低功耗开关拨向“低功耗”。

(9) 关上仪器盖，按照施工设计进行自动监测。

(10) 采集 2~3 个点。

(11) 测试完毕后，用存储卡进行资料转存。

(12) 关闭仪器电源，拔下信号电缆。

操作安全提示:

(1) 卸井口连接器要注意安全，防止压力伤人。

(2) 井口连接器排气时注意安全。

13. 使用综合测试仪测试示功图

准备工作:

(1) 正确穿戴劳动保护用品。

(2) 工用具、材料准备: 450mm 管钳 1 把，试电笔 1 支，六棱扳手 1 套，加力杠 1 根，综合测试仪 1 台，载荷、位移传感器 1 台，方卡子 2 套，擦布若干。

操作程序:

(1) 用试电笔验电后，使抽油机驴头停在接近下死点

以上约 10 ~ 20cm 位置处，刹好车。

（2）打好方卡子，卸载后，顶开悬绳器上、下压盘，顶开距离大于仪器压板厚度约 5mm。

（3）操作者要站在井口一侧将载荷、位移传感器平整装在两夹板中间，松刹车使传感器平稳受力，刹好车卸掉方卡子，打开传感器开关（或连接好信号电缆），拉下位移线固定在井口上。

（4）松刹车启抽，待抽油机运转 5 ~ 10min 后，开始测试示功图。

（5）打开仪器电源开关，输入井号、日期，按功图键进行示功图测试。

（6）测试完毕后，停抽油机，刹好刹车，收回位移线，关闭传感器开关。

（7）安装方卡子，卸载后取下载荷传感器，松刹车，加载后刹好车。

（8）卸下方卡子，启动抽油机，听抽油机无异响后方可离开。

操作安全提示：

（1）启停抽油机前一定要用试电笔验电，防止发生触电事故。

（2）按启动开并时，眼睛不准看开关，以防有弧光伤害眼睛。

（3）测试过程中，严禁面对驴头及悬绳器操作，以防仪器飞出伤人。

（4）卸装方卡子时，手不准抓光杆，以防方卡子掉落伤人。

14. 使用综合测试仪测试动液面

准备工作：

(1) 正确穿戴劳动保护用品。

(2) 工用具、材料准备：600mm 管钳 1 把，100mm 平口螺丝刀 1 把，试电笔 1 支，专用钩扳手 1 把，综合测试仪 1 台，井口连接器 1 套，信号电缆 1 根。

操作程序：

(1) 关闭套管阀门，打开放空阀门，放空后卸下套管阀门堵头，把管线内死油冲净后，将气动井口连接器安装在测试短节上。

(2) 井口连接器安装好后，关闭连接器的放空阀。

(3) 缓慢打开套管阀门，使枪体充满套管气，确保井口连接器密闭后再打开套管阀门。

(4) 用信号电缆将井口连接器与测试仪连接。

(5) 打开测试仪电源，设置井号、测试日期，可根据套压值大小设置适当的增益值。

(6) 迅速拍击击发杆产生高能量的次声波声源，在记录仪上对反射波形进行确认，不满足质量要求，需要对增益值进行适当调整。

(7) 直到测出符合质量要求的液面曲线后，关闭套管阀门，打开放空阀门，放掉井口连接器中剩余的套管气，拆除连接信号电缆。

(8) 卸下井口连接器，安装好套管堵头。

操作安全提示：

(1) 连接部位漏气严重，易发生中毒及火灾事故。

(2) 操作人员不准正对着井口连接器的放气阀出气口、套管阀门中轴方向及套管口方向，以防伤人。

（3）对螺杆泵采油井，操作人员不应站在驱动飞轮的一侧。

（4）操作人员不准正对着井口连接器，以防飞出伤人。

（5）开关阀门时，要侧身操作。

15. 注聚井分层测试的操作

准备工作：

（1）正确穿戴劳动保护用品。

（2）工用具、材料准备：600mm 管钳 2 把，900mm 管钳 1 把，36mm 套筒扳手 2 支，井下电磁流量计（加重杆、上、下扶正器、电池）1 套，回放设备 1 台，测试滑轮 1 套，测试车 1 台，注水井测试防喷装置 1 套，擦布若干。

操作程序：

（1）了解井内管柱结构、深度及方案配注等数据。

（2）检查测试滑轮支架，堵头、卡箍、防喷管清洁无油污，各焊接处牢固，螺纹完好，放空阀灵活好用。

（3）检查钢丝试井绞车传动、离合及刹车装置应灵活好用，钢丝无砂眼、无裂痕、无扭折、缠绕整齐，直径、长度满足测试要求，检查计深装置计量轮尺寸合格、槽内无油污。

（4）根据井场情况及风向选择测试车停放位置。

（5）安装防喷管和滑轮支架，从绞车上拉出钢丝，穿过防喷管堵头、绳帽，打绳结。

（6）将绳帽、加重杆、井下电磁流量计顺序连接。

（7）将组装好仪器放入防喷管中，上紧堵头，拉紧钢丝，计数器清零。

（8）关闭放空阀门，缓慢打开测试阀门，待防喷管内充满压力后，再全部打开。

（9）开始下放仪器，速度不大于 100m/min，接近工作筒

150m 时减速至 50m/min 下放。

(10) 下放至最下一层以上 3~5m，刹车，停 3~5min 进行流量测试。然后上提至上一层段以上 3~5m 进行停测。

(11) 当测试完最上一层后，上起仪器，距井 150m 时减速，距井口 20m 处停车手摇。

(12) 确认仪器进入防喷管后，关闭测试阀门，放空、卸堵头、取出仪器。

(13) 卸下绳帽、加重杆、电池，连接回放设备，回放查看测试资料，并进行保存。

操作安全提示：

(1) 施工前要制订安全措施及事故处理应急预案，准备好安全警示标识。

(2) 开关阀门一定要侧身操作，防止弹出伤人。

(3) 测试阀门关闭后，未放空或放空不通不能卸堵头。

(4) 传递仪器时要注意做好配合，并要有呼应。

(5) 高空作业时，操作人员应穿戴好安全防护用具，并有专人监护。

(6) 安装防喷管时，操作人员要配合好，防止防喷管倾倒伤人。

(7) 大雾、大雨、大雪、六级以上大风或夜间，不能进行测试施工。

16. 分层注水井验封的操作

准备工作：

(1) 正确穿戴劳动保护用品。

(2) 工用具、材料准备：450mm、600mm、900mm 管钳各 1 把，300mm、350mm 活动扳手各 1 把，200mm 手钳 1 把，150mm 平口螺丝刀 1 把，验封压力计 2 支，验封密封段 1 支，

密封段密封胶圈若干，棉纱若干，记录笔1支，报表若干。

操作程序：

（1）验封前检查：

①了解测试井井下管柱结构、深度，掌握测试井的生产情况。

②检查验证井的井口设备齐全完好，不渗不漏，各阀门开关灵活。

③检查注水井流程正常，套管阀门一定要关严，记录油、套压及注入量。

④检查测试绞车离合、刹车及测深装置灵活好用，检查钢丝无砂眼、死弯等，长度能满足测试要求。

⑤检查调整验封密封段无毛刺，皮碗无破损，过盈量符合技术要求，测量皮碗胀开尺寸要在46.1～46.3mm之间。传压孔畅通，定位爪灵活好用，收拢时最大外径不大于44mm。

⑥检查验封压力计，外观完好，各部紧固，回放设备电压充足，与压力计通信正常。

（2）根据井场地形及风向选择试井车停放位置，将绞车对准井口。

（3）安装测试防喷管及滑轮支架。

（4）连接仪器，自下而上依次为绳帽、加重杆、压力计（双压力计验封时使用）、验封密封段、压力计，并检查紧固各连接部位。

（5）将仪器装入防喷管内，上好堵头，关闭放空阀门，将钢丝放入滑轮槽内，摇紧钢丝，转数表归零。

（6）缓慢打开测试阀门，仪器平稳下过总阀门，在井筒内以不大于100m/min速度下放，接近层位时下放速度不大于30m/min。

(7) 当仪器下放到最下一级层段工作筒以下 3 ~ 5m 后，上提仪器过层段 3 ~ 5m，将定位爪释放开后，下放坐封于工作筒。

(8) 在井口采用“开—关—开”或“关—开—关”，每个工作状态下停测 3 ~ 5min，其中开井压力为正常注水压力。

(9) 验封时在每个操作过程结束，下一项操作过程开始前，都要录取井口注水压力及注水量。

(10) 完成各层段验封后，以 100m/min 速度平稳上起，距井口 150m 时减速，20m 处停车，手摇，确认仪器进入防喷管内，关闭测试阀门放空，卸掉堵头，取出仪器回放资料，卸下防喷管。

(11) 倒正常注水流程，控制好注水量，收拾工具、打扫卫生。

(12) 整理验封资料，填好报表，准备上报。

操作安全提示：

(1) 施工前要制订安全措施及事故处理应急预案，准备好安全警示标识。

(2) 开关阀门时要侧身操作，平稳缓慢，保证防喷管内压力升降平稳。

(3) 测试阀门关闭后，未放空或放空不通不能卸堵头。

(4) 传递仪器时要注意做好配合，并要有呼应。

(5) 高空作业时，操作人员应穿戴好安全防护用具，并有专人监护。

(6) 安装防喷管时，操作人员要配合好，防止防喷管倾倒伤人。

(7) 大雾、大雨、大雪、六级以上大风或夜间，不能进行测试施工。

（8）需要放空泄压时要有罐车配合，泄压应缓慢。

17. 注水井分层测配前的准备

准备工作：

（1）正确穿戴劳动保护用品。

（2）工用具、材料准备：450mm、600mm 管钳各 1 把，300mm 活动扳手 1 把，测试绞车 1 台，井下流量计 1 支，防喷装置 1 套，压力表 1 块，提挂式投捞器 1 支，打捞头 1 个，压送头 1 个，水嘴若干，堵塞器若干，各种密封胶圈若干，润滑油若干。

操作程序：

（1）测试通知单的准备：

通知单应有管柱结构、层段深度、各层的配注量、层段性质、水嘴大小、注水压力、层段号、井下工具型号、测试班组及上次测试日期等数据。

（2）测试井的准备：

①测试前应提前洗井，清除井内的脏物，待注水压力稳定后才能测试。

②测试井的各个阀门应灵活好用，水表、压力表应达到测试要求。

③了解测试井的层段配注要求及正常注水压力和水量。

（3）测试绞车的准备：

①检查测试绞车工作是否正常。检查绞车各个部位的固定螺栓是否牢固，刹车、摇把、离合器是否灵活好用。

②检查液压油的液位高度符合要求，液压油质量合格。

③检查钢丝和电缆是否有砂眼、死弯，长度应满足测试要求。

④检查传动系统工作是否正常，管线完好，无漏油现象。

⑤检查计数器、指重装置是否工作正常。

⑥检查计量轮完好、尺寸合格，量轮槽内无泥砂、油污，轮边无毛边、缺口，否则应及时更换。

⑦传动软轴与计量轮和计数器连接完好，转动自如。

⑧排丝装置工作正常。绞车控制面板各仪表、开关及操控手柄灵活好用。

（4）防喷装置的准备：

①检查防喷管的螺纹完好，脚踏、安全带固定装置焊接牢固。

②测试堵头密封填料完好，堵头螺纹完好无损伤。

③检查滑轮转动灵活，无摆动、跳现象。

④将操作平台安装牢固。

⑤准备地滑轮和加固防喷管的钢丝绷绳。

（5）测试仪器及工具的准备：

①选择校验合格、量程合适的井下流量计。

②根据测试要求准备好测试投捞器及打捞头、压送头、偏心堵塞器、水嘴等工具。

操作安全提示：

（1）测试井各个阀门必须灵活好用。压力表及水表必须完好、准确。

（2）电缆、钢丝必须完好无损。

（3）排丝装置运转一定要正常，否则会造成钢丝排列不紧密而发生钢丝、电缆打扭或死弯，使钢丝、电缆不能使用。

（4）测试防喷管螺纹及各个焊接部位必须完好。

（5）操作平台安放一定要牢固，否则会给操作人员带来安全隐患。

（6）地滑轮和绷绳必须准备，防止防喷管因受力过大造成安全事故的发生。

18. 存储式（非集流）井下流量计测试注水井分层注水量的操作

准备工作：

（1）正确穿戴劳动保护用品。

（2）工用具、材料准备：450mm 、600mm、900mm 管钳各 1 把，仪器专用扳手 2 把，秒表 1 块，测试滑轮，测试防喷装置 1 套，井下流量计 1 支，回放仪 1 台，加重杆 1 支，擦布若干，黄油 1 管。

操作程序：

操作前应了解测试井井下管柱结构、各层配水量、水嘴规格及注状况等。

（1）仪器的检查：根据注水量选择合适量程的井下流量计。

①检查仪器外观无损坏、螺纹完好、各连接部位紧固，检查并清洁仪器探头。

②检查电池电量是否正常，上扶正器是否完好。

③检查加重杆螺纹是否完好，下扶正器是否正常。

（2）按配注方案控制好注入量并记录井口油压及注入量。

（3）根据风向选择好车辆摆放位置，安装防喷管和滑轮支架，从绞车上拉出钢丝，穿过防喷管堵头、绳帽，打绳结。

（4）在地面设置好井下流量计的工作参数。

（5）将上扶正器、电池、井下电子流量计、加重杆与下扶正器顺序连接并紧固，准备下井。

（6）将仪器装入防喷管内，上好堵头，将钢丝扶入滑轮槽内，滑轮对准绞车。

(7) 关放空阀门，摇紧钢丝，转数表归零，缓慢打开测试阀门，下放流量计。下仪器速度不大于100m/min。

(8) 流量计下放到最下级工作筒以下3~5m，启动绞车将仪器提到工作筒以上3~5m，停测3~5min。

(9) 上提流量计至上一级工作筒3~5m以上，停测3~5min。以此类推，测完所有层段。

(10) 上起仪器速度不大于100m/min，距井口150m减速，距20m时停车手摇，确认仪器进入防喷管后，关闭测试阀门，放空，卸堵头，取出仪器。

(11) 卸下电池，用通信线把仪器与回放仪连接好，打开回放仪的电源开关，点击数据回放键进入回放程序，确定各层的视水量及压力，然后点击打印测试卡片。

(12) 整理测试资料，准备上报。

操作安全提示：

(1) 施工前要制订安全措施及事故处理应急预案，准备好安全警示标识。

(2) 开关阀门一定要侧身操作，防止弹出伤人。

(3) 测试阀门关闭后，未放空或放空不通不能卸堵头。

(4) 传递仪器时要注意做好配合，并要有呼应，防止仪器损坏或伤人。

(5) 高空作业时，操作人员应穿戴好安全防护用具，并有专人监护。

(6) 安装防喷管时，操作人员要配合好，防止防喷管倾倒伤人。

(7) 大雾、大雨、大雪、六级以上大风或夜间，不能进行测试施工。

19. 注水井测调联动仪测试分层注水量的操作

准备工作：

（1）正确穿戴劳动保护用品。

（2）工用具、材料准备：450mm、600mm、900mm 管钳各1把，仪器专用扳手2把，秒表1块，电缆测试滑轮1套，地滑轮1套，测试防喷装置1套，双滚筒联动试井车1台，井下测调仪1套，擦布若干。

操作程序：

操作前必须了解井下管柱结构、配注水量和注水状况。

（1）检查绞车、电缆、计深装置及张力指示装置完整、齐全，能满足测试要求。

（2）检查仪器和电缆头各部螺纹完好，各螺钉紧固，仪器导向机构正常。

（3）记录井口油压及注入量，关闭测试阀门，安装防喷管及电缆测试滑轮支架。

（4）控制好注入量；将电缆头、井下测调仪、加重杆连接并紧固。

（5）在地面检查仪器的各项功能是否正常，收拢导向装置，再由计算机发出命令收回调节臂，准备下井。

（6）将仪器装入防喷管内，上堵头，关放空阀门，将电缆放入滑轮槽内，使滑轮对准绞车。

（7）摇紧电缆，计数器归零，打开测试阀门，下放测调仪，下放速度不大于80m/min，仪器经过封隔器及层段时，减速至30m/min。

（8）测调仪下放到最下级工作筒以下3～5m，将仪器上提到工作筒以上5～10m，弹开调节臂，以30～50 m/min的速度坐入工作筒，井下仪调节臂与可调堵塞器对接。

(9) 对接正常，开始测检配卡片，在压力和流量稳定后，采集数据5min；测量出此层流量，压力数据，记录数据并保存曲线。

(10) 上提测调仪坐入上一级层段，进行数据采集，以此类推，测完所有层段；测量结束后，上提仪器到油管中，收起调节臂，将检配数据保存。

(11) 用检配结果和配注方案进行对比后，将仪器下到需要调试层段的配水器上方5 ~10m处，打开调节臂，坐入工作筒，地面控制调节该层流量直至符合要求。调试完成后，将仪器上提至上一个需要调试的层。以此类推，直至所有需要调试的层都达到要求为止。等待压力和水量都稳定后按要求测取各压力点测试曲线。

(12) 上提仪器到油管中，收起调节臂，保存测试数据，上起仪器时速度不大于80m/min，距井口150m减缓速度，20m停车手摇，确认仪器进入防喷管后，关闭测试阀门后放空，卸堵头，取出仪器。

(13) 在地面弹出调节臂，关断电源。卸下电缆连接头，装上保护帽。将电缆摇进滚筒，刹紧刹车。

(14) 整理测试资料，准备上报。

操作安全提示：

(1) 施工前要制订安全措施及事故处理应急预案，准备好安全警示标识。

(2) 开关阀门一定要侧身操作，防止弹出伤人。

(3) 测试阀门关闭后，未放空或放空不通不能卸堵头。

(4) 传递仪器时要注意做好配合，并要有呼应。

(5) 高空作业时，操作人员应穿戴好安全防护用具，并有专人监护。

(6) 安装防喷管时，操作人员要配合好，防止防喷管倾倒伤人。

(7) 大雾、大雨、大雪、六级以上大风或夜间，不能进行测试施工。

(8) 卸电缆头时，做好绝缘工作，防止发生触电事故。

20. 投捞分层注水井偏心堵塞器的操作

准备工作：

(1) 正确穿戴劳动保护用品。

(2) 工用具、材料准备：450mm、600mm、900mm 管钳各1把，300mm 活动扳手2把，150mm 平口螺丝刀1把，试井绞车1台，测试滑轮，测试防喷装置1套，提挂式投捞器1支，打捞头1个，压送头1个，堵塞器若干，振荡器1支，棉纱若干，笔若干，报表若干。

操作程序：

操作前应清楚井下管柱的结构，偏心配水器类型、数量及规格，井下有无落物。

(1) 打捞偏心堵塞器：

①根据风向选择好车辆摆放位置，安装防喷管和滑轮支架，从绞车上拉出钢丝，穿过防喷管堵头、绳帽，打绳结。

②将绳帽、振荡器和投捞器顺序连接，并紧固各连接部位。

③将投捞器放入防喷管内，上紧防喷堵头，关闭防喷管的放空阀门，拉紧钢丝，计数器归零。

④打开测试阀门，调节好密封填料压帽的松紧，开始下放仪器，速度不大于100m/min，接近工作筒100m 时减速至50m/min。

⑤投捞器下过预计层位以下 3 ~ 5m 后，缓慢上提超过目

的层工作筒 3 ~ 5m 后，下放投捞器，打捞头坐入工作筒偏心孔与堵塞器对接上，上提投捞器，观察油压及水量变化（压力下降水量上升），说明打捞成功。

⑥上提投捞器，距井口 150m 减速，20m 停车手摇至投捞器进入防喷管，核对计数器。

⑦关闭测试阀门，打开放空阀门，卸堵头，取出投捞器。

（2）投送偏心堵塞器：

①根据风向选择好车辆摆放位置，安装防喷管和滑轮支架，从绞车上拉出钢丝，穿过防喷管堵头、绳帽，打绳结。

②将绳结与连接好的投捞器连接好，并紧固各连接部位。

③放入防喷管内，上紧防喷堵头，关闭防喷管的防空阀门，拉紧钢丝，计数器归零。

④打开测试阀门，调节好密封填料压帽的松紧，开始下放仪器，速度不大于 100m/min，接近工作筒 100m 时减速至 50m/min。

⑤投捞器下过预计层位以下 3 ~ 5m 后，缓慢上提超过工作筒 3 ~ 5m 后，下放投捞器。

⑥坐入工作筒偏心孔处，上提投捞器 3 ~ 5m 使压送头与堵塞器脱离。观察油压及水量变化，再缓慢下放投捞器，然后上提投捞器，以确保堵塞器投送到位。

⑦上提投捞器，距井口 150m 减速，20m 停车手摇至投捞器进入防喷管，核对计数器。

⑧关闭测试阀门，打开防空阀门，卸堵头，取出投捞器。

操作安全提示：

（1）施工前要制订安全措施及事故处理应急预案，准备

好安全警示标识。

（2）开关阀门一定要侧身操作，防止弹出伤人。

（3）测试阀门关闭后，未放空或放空不通不能卸堵头。

（4）传递仪器时要注意做好配合，并要有呼应。

（5）高空作业时，操作人员应穿戴好安全防护用具，并有专人监护。

（6）安装防喷管时，操作人员要配合好，防止防喷管倾倒伤人。

（7）大雾、大雨、大雪、六级以上大风或夜间，不能进行测试施工。

21. 同心注聚井打捞、投送配注芯操作

准备工作：

（1）正确穿戴劳动保护用品。

（2）工用具、材料准备：600mm 管钳 2 把，900mm 管钳 1 把，36mm 套筒扳 2 支，配注芯捞矛 1 支，配注芯投送器 1 支，ϕ58mm、ϕ56mm、ϕ54mm 三种规格配注芯及相应规格的密封圈，测试防喷装置 1 套，测试车 1 台。

操作程序：

（1）操作前的检查：

①了解井内管柱结构、深度及方案配注等数据。

②检查准备测试滑轮支架，堵头、卡箍、测试防喷管清洁无油污，各焊接处牢固，螺纹完好，空阀灵活好用。

③检查钢丝试井绞车传动、离合及刹车装置应灵活好用，钢丝无砂眼、裂痕、扭折、缠绕整齐，直径、长度满足测试要求，检查计深装置计量轮尺寸合格、槽内无油污。

④检查配注芯捞矛性能良好，弹簧弹性合适，测量捞矛张开最大外径不小于 46mm，投送器最大外径不得小于 48mm。

（2）根据井场情况及风向选择测试车停放位置。

（3）安装防喷管和滑轮支架，从绞车上拉出钢丝，穿过防喷管堵头、绳帽，打绳结。

（4）打捞配注芯操作：

①将绳帽、加重杆、振荡器、打捞矛顺序连接紧固。

②将组装好的配注芯打捞矛放入防喷管，上好堵头，拉紧钢丝，计数器清零。

③关闭放空阀门，缓慢打开测试阀门，待防喷管内充满压力后，再全部打开。

④开始下放仪器速度不大于100m/min，接近工作筒100m时减速至不大于50m/min下放。

⑤下放至第一级（最上一层）配注器以下3～5m后，上提打捞矛注意观察指重器负荷变化，负荷上升后又突然下降说明捞出。

⑥然后依次将二三层配注芯捞出后再上提打捞矛，这样就可以把三个配注芯一起捞出。若配注芯累计长度超过1.5m，则应从第一级配注芯开始，分级捞出。

⑦用25m/min的速度上提过第一级封隔器以上后，用100m/min的速度平稳上起。

⑧上起仪器，至井150m时减速，距井口20m处停车手摇。

⑨确认仪器进入防喷管内后，关闭测试阀门，放空，卸堵头，取出打捞矛及配注芯。

（5）投送配注芯操作：

①将绳帽、加重杆、振荡器、投送器顺序连接并紧固。

②投送配注芯的顺序是自下而上开始逐层进行投送，不能一起投送。

③将配注芯和组装好的投送器放入防喷管内，上好堵头，关闭放空，打开测试阀门。

④开始下放仪器速度不大于100m/min，接近工作筒100m时减速至不大于50m/min下放。

⑤当仪器下至需要投送的目的层以上时，加快下放速度，靠冲击力将配注芯投送至井下配注器内。

⑥用25m/min的速度上提过第一级封隔器以上后，用100m/min的速度平稳上起。

⑦上起仪器，至井150m时减速，距井口20m处停车手摇。

⑧确认仪器进入防喷管内后，关闭测试阀门，放空，卸堵头，取出投送器。

⑨再重复以上步骤投送其他层配注芯。

操作安全提示：

（1）施工前要制订安全措施及事故处理应急预案，准备好安全警示标识。

（2）开关阀门一定要侧身操作，防止弹出伤人。

（3）测试阀门关闭后，未放空或放空不通不能卸堵头。

（4）传递仪器时要注意做好配合，并要有呼应。

（5）高空作业时，操作人员应穿戴好安全防护用具，并有专人监护。

（6）安装防喷管时，操作人员要配合好，防止防喷管倾倒伤人。

（7）大雾、大雨、大雪、六级以上大风或夜间，不能进行测试。

（8）打捞同心配注芯时，若遇卡不能硬拔，需停车关井，反复振荡或调换方向解卡。

22. 系统试井指示曲线分析

准备工作：

（1）正确穿戴劳动保护用品。

（2）工用具、材料准备：HB 铅笔 1 支，A4 纸若干。

操作程序：

如图 9 所示，油井指示曲线的基本类型及成因如下：

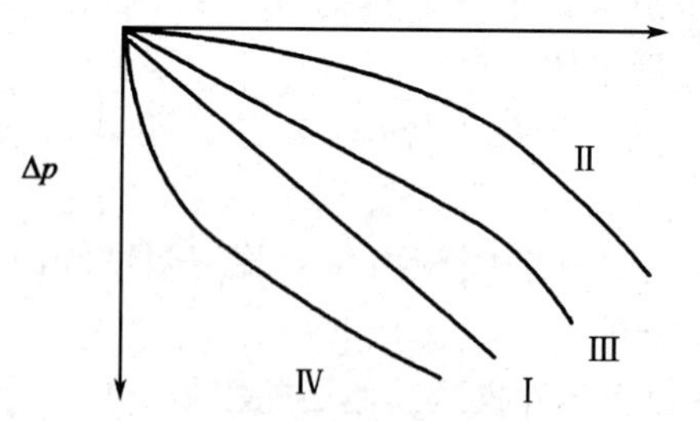

图 9　油井指示曲线

Ⅰ——直线型：单相达西渗流，一般在较小压差条件下形成。产能方程：

$$q = J \cdot \Delta p$$

式中　q——产量，m^3/d；

J——采油指数，$m^3/d/MPa$；

Δp——生产压差，MPa。

Ⅱ——曲线型：单相非达西流或油气两相渗流，一般在较大生产压差或流压小于饱和压力时形成。产能方程：

$$q = C(p_R - p_{wf})^n$$

式中　C——系数；

p_R——地层压力，MPa；

p_{wf}——流压，MPa；

n——指数，$1/2 \leqslant n \leqslant 1$。

产能方程也可为：

$$\Delta p = aq + Bq^2$$

其中 a 和 b 为二项式系数。

Ⅲ——混合型：直线部分为单相达西渗流；曲线部分的可能原因：(1) 随着生产压差的增大，油藏中出现了单相非达西流，增加了额外的惯性阻力；(2) 随着生产压差增大，流压低于饱和压力，井壁附近地层出现了油气两相渗流，油相渗透率降低，黏滞阻力增大（地层参数的计算在直线部分和曲线部分分别依照上述Ⅰ和Ⅱ方法求解）。

Ⅳ——异常型：(1) 相应工作制度下的生产未达稳定，测得的数据不反映测试所要求的条件；(2) 新井井壁污染，随着生产压差增大，污染将逐渐排除；(3) 多层合采情况下，随着生产压差增大，新层投入工作。

由上所述，异常曲线并非一定是错误的，应根据具体情况分析。若为原因 (1)，则必须重新进行测试。

23. 典型示功图分析

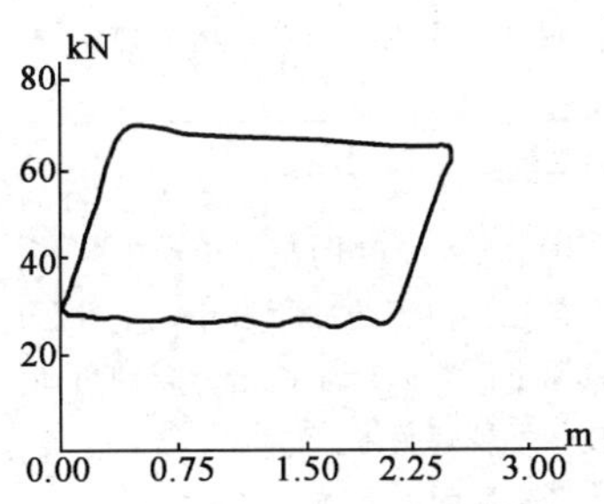

图形分析：功图与理论示功图差异不大，说明泵的沉没度大、供液充足、游动阀和固定阀能够及时开、闭。泵效高，能够迅速加载和卸载。除了轻微振动引起一些微小波纹外，其他因素的影响不明显。

产生原因：正常示功图。

管理措施：井供液充足，沉没度大，仍有生产潜力，可以将机抽参数调整到最大，以求得最大产量，发挥井筒应有的产能水平。

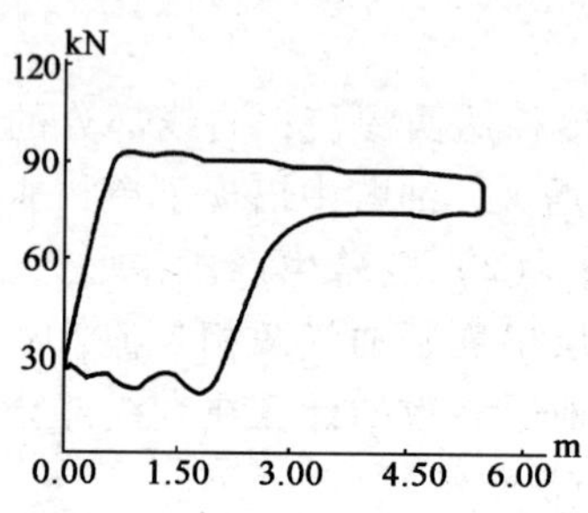

图形分析：功图卸载部分呈刀把状，是由于深井泵的工作制度不合理，油层供液能力低，上冲程时井液不能完全将工作筒充满，因而下冲程开始时并不能及时卸载，只有当活塞撞击液面时才能卸载造成的。

产生原因：供液不足。

管理措施：间抽，调小参数，换小泵，加深泵挂，加强连通注水井的注入量。

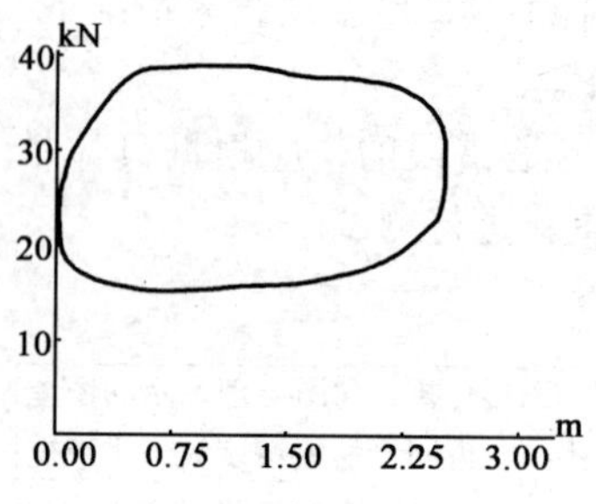

图形分析：功图图形肥大，四角呈圆形，是由于油稠，使摩擦等附加阻力变大，造成上负荷线偏高、下负荷线偏低。

产生原因：稠油影响。

管理措施：替入热液；调参，掺水降黏，掺轻油，加化学药剂降黏降稠，制订合理热洗周期，增大热洗温度。

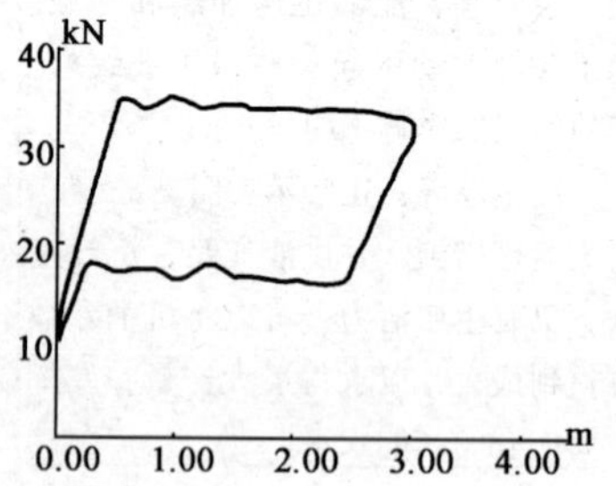

图形分析：功图左下角产生“撞击”尾巴。由于防冲距过小，下冲程活塞撞击固定阀产生撞击，震动负荷呈波状不规则变化。

产生原因：下碰。

管理措施：调防冲距。

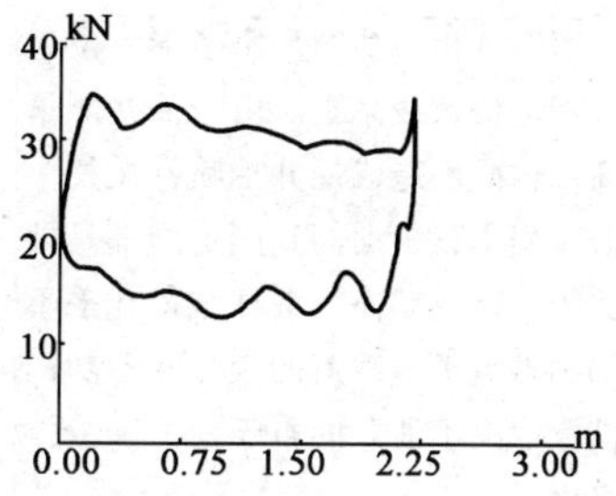

图形分析：图形在右上方有凸起。因为抽油杆长度不合适，使光杆下第一个接箍进入采油树，在井口刮碰。

产生原因：上碰。

管理措施：调防冲距，加长光杆，更换第一根抽油杆。

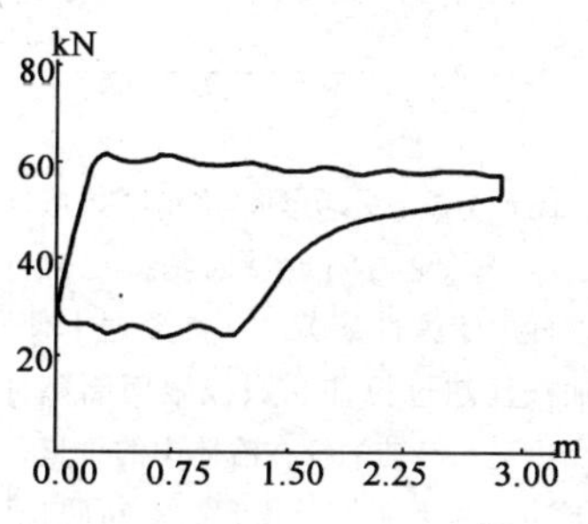

图形分析：功图在卸载线上产生向里凹的弯曲弧线。由于油井含有大量游离气，上冲程时部分气体进入泵筒，并占据泵筒部分空间，下冲程时，活塞首先压缩气体，使卸载过程变缓、变慢造成的。

产生原因：气影响。

管理措施：井口安装定压放气阀，不影响含水的前提下加强出气层的注入量，加深泵挂，井下安装气锚。

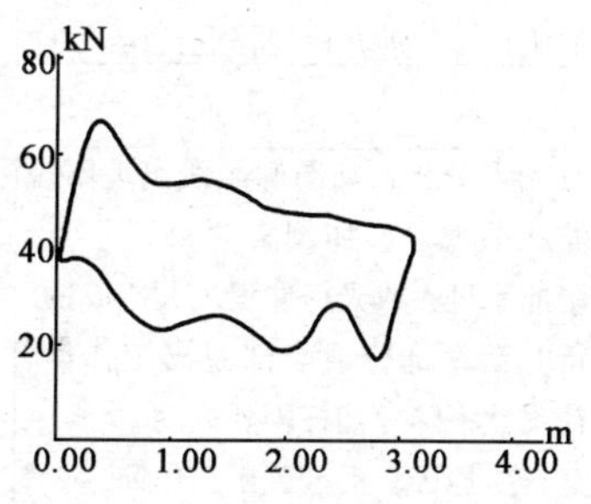

图形分析：功图呈倾斜四边形。由于抽油机冲次过快，使抽油杆柱受到较大的惯性，惯性力在上冲程时加速度由大变小、方向向上，下冲程时加速度由小变大、方向向下，造成图形波动、偏转，冲次增加，偏转角度加大。

产生原因：惯性影响。

管理措施：调平衡，减少冲次。

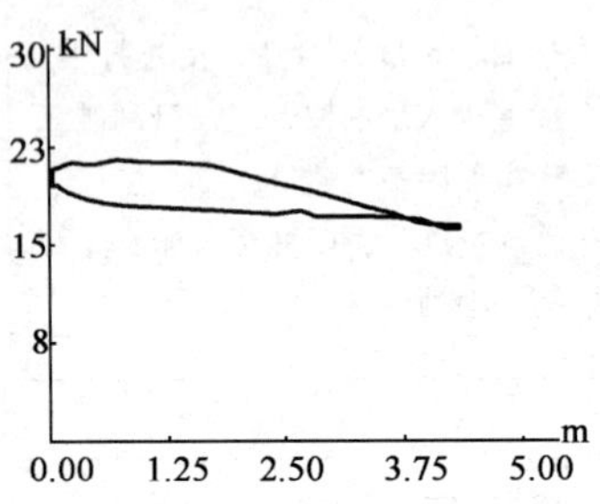

图形分析：功图呈窄条形，位于最大理论负荷线附近。由于油井能量较高，转抽后造成油井抽喷，在整个抽汲过程中，游动阀和固定阀都是处于关闭不严的状态，液柱载荷几乎不能加到悬点上，载荷的变化和示功图的位置取决于油井的自喷能力和液体的黏度。

产生原因：连抽带喷。

管理措施：放大生产参数，使用电泵生产。

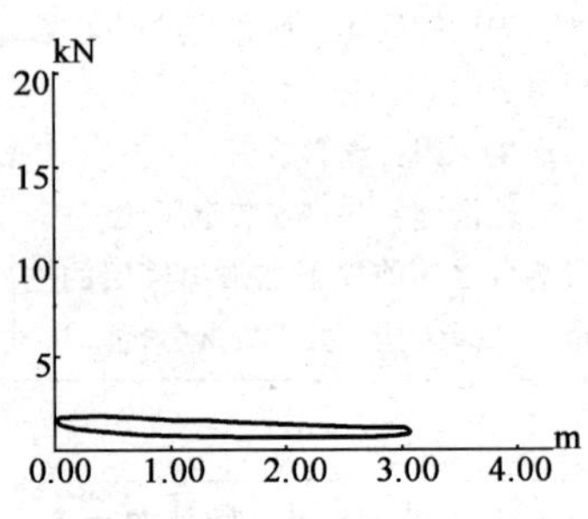

图形分析：示功图呈水平窄条形，位于最小理论值附近靠向基线位置。抽油杆由于弹性疲劳，深井泵遇卡使抽油杆柱超过拉伸屈服极限而断裂，悬点负荷只有抽油杆在液体中的重量，上下冲程为不能加载、卸载；断脱位置越接近井口，图形越接近基线。

产生原因：抽油杆断脱。

管理措施：打捞光杆，近井口处采油队打捞，远井口处作业打捞。

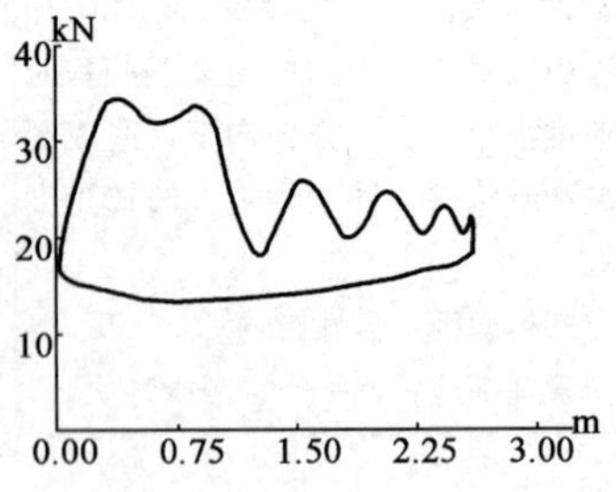

图形分析：功图卸载线出现不规则波状曲线，形如倒置“菜刀”。由于防冲距过大或光杆冲程过大造成的，上行时活塞部分或全部脱出工作筒，载荷突然下降，油杆剧烈跳动。

产生原因：活塞脱出工作筒。

管理措施：检泵，调防冲距。

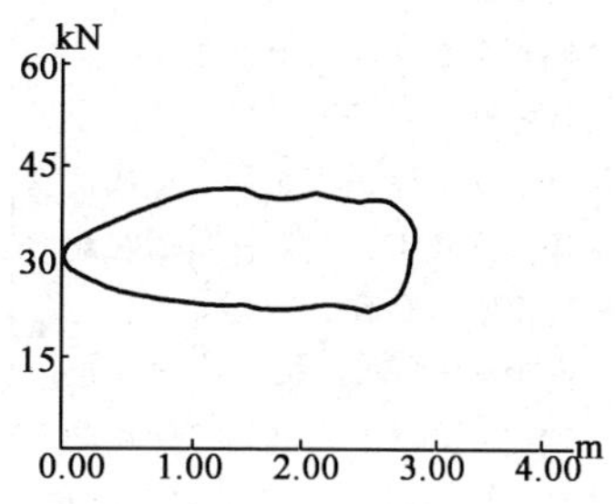

图形分析：在功图上部缺失，增载线呈左下尖、右上圆的圆弧形状。由于游动阀磨损、阀上有蜡等脏物，衬套和泵间隙过大等原因造成漏失引起加载变缓。漏失量越大，增载线倾角越小。

产生原因：游动阀漏失或排出部分漏失。

管理措施：碰泵，热洗，检泵。

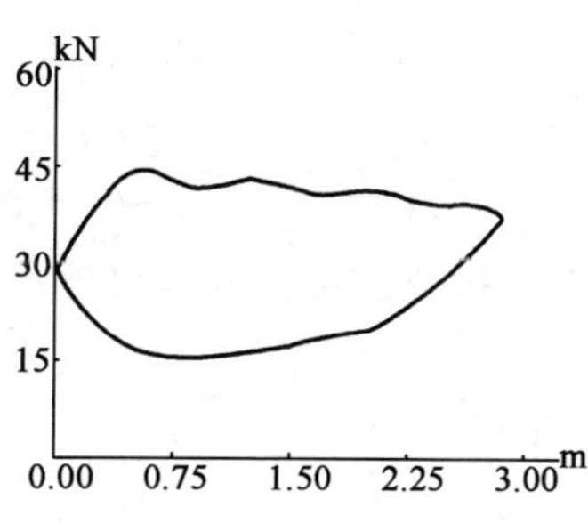

图形分析：在功图右下部缺失，卸载线呈右上尖、左下圆的圆弧状。增载线明显，卸载线圆滑。由于固定阀座配合不严，阀罩内落入脏物或结蜡而卡住阀球等原因造成漏失，造成增载提前，卸载变缓。

产生原因：固定阀漏失或吸入部分漏失。

管理措施：碰泵，热洗，检泵。

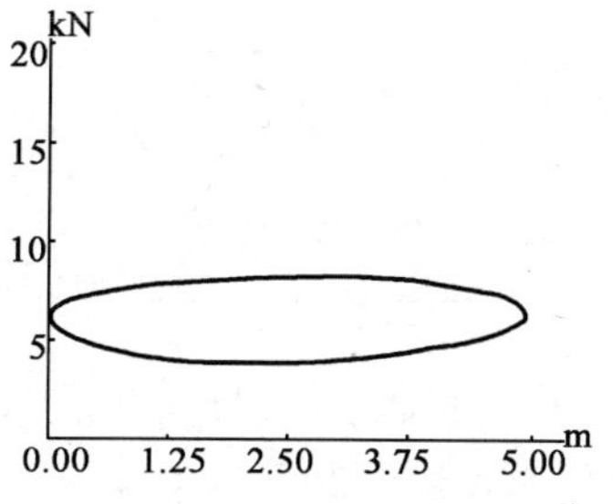

图形分析：功图呈椭圆形。由于砂蜡和磨损等复杂原因，造成双阀同时漏失，延缓了增载、卸载过程，致使增载、卸载部分缺失。

产生原因：双阀漏失。

管理措施：碰泵，热洗，检泵。

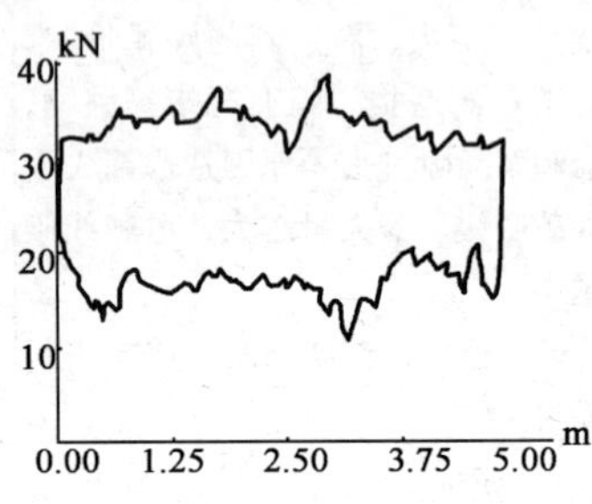

图形分析：功图上产生不规则的锯齿状尖峰。由于油层出砂，细小的砂粒将随着油流进入泵内，造成活塞在工作筒内遇卡，使光杆负荷在短时间内发生剧烈变形。

产生原因：砂影响。

管理措施：下入砂锚，使用防砂抽油泵，作业除砂，人工井壁防砂，化学胶结防砂。

24. 液面资料分析及计算

1）液面资料分析

（1）图形分析：测试液面时有干扰波，无法分辨出液面波位置。

产生原因：①仪器本身问题；②井筒不干净。

处理方法：①重新标定回声仪；②热洗井，待稳定后重测。

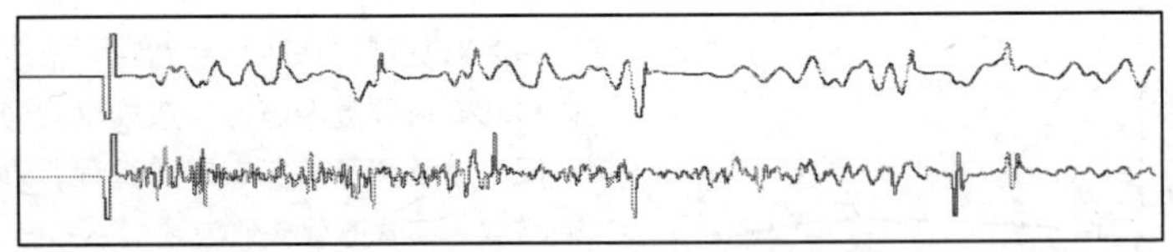

（2）图形分析：测试液面操作时有自激现象出现。

产生原因：①井口振动或有漏气现象；②灵敏度调节过高；③仪器性能不稳定。

处理方法：①调整、紧固，消除振动和漏气现象；②调小灵敏度；③检修或标定回音仪。

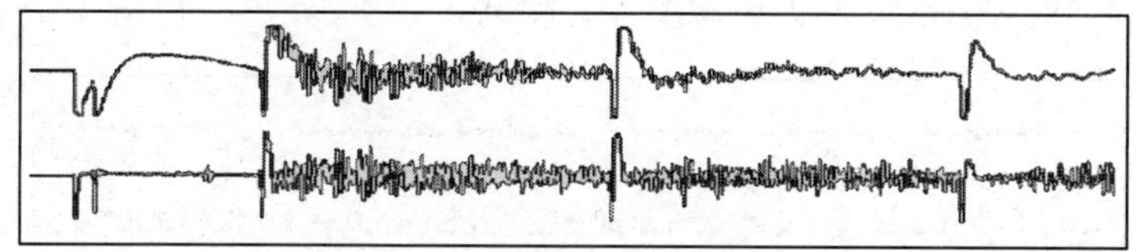

（3）图形分析：井口波严重脱挡。

产生原因：①灵敏度挡位调节过大；②套管阀门没开到位。

处理方法：①降低灵敏度挡位重测；②开大套管阀门重新测试。

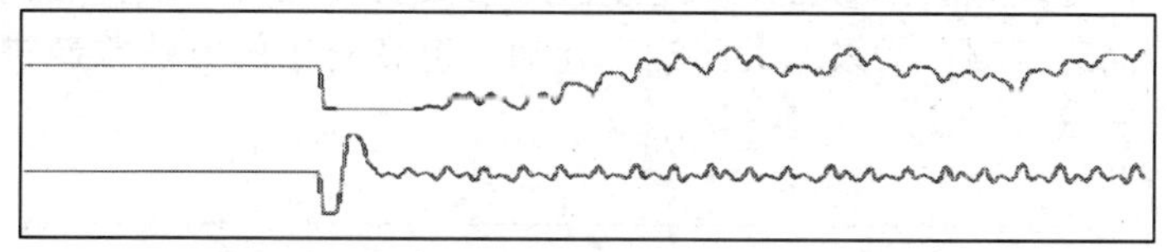

（4）图形分析：液面曲线长度不足，未测出二次波。

产生原因：测试等待时间短，未测到反射波，关机过早。

处理方法：延长测试时间，等待足够时间，待二次波出现后再关机。

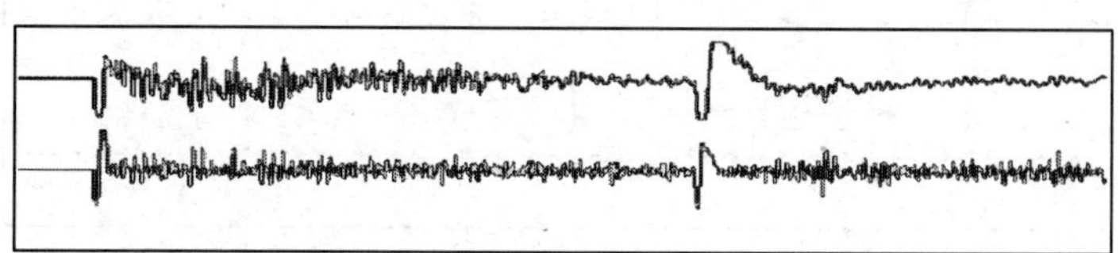

(5) 图形分析：液面曲线上未测出液面波。

产生原因：灵敏度挡位调节过低。

处理方法：调大灵敏度重新测试。

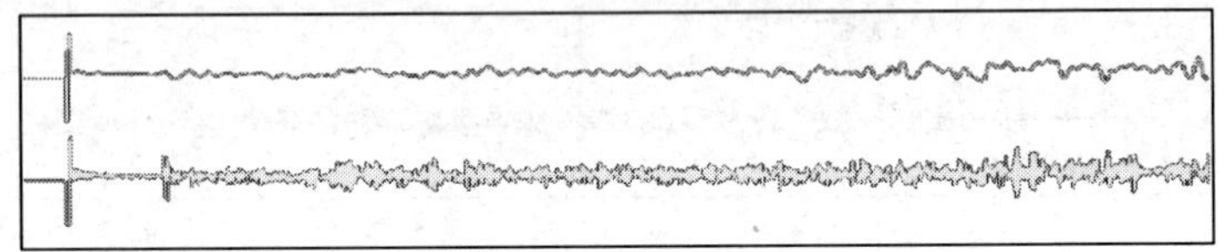

(6) 图形分析：液面曲线只有井口波，其余部分均为直线。

产生原因：①套压太低（小于0.2MPa）或无套管气；②没有传送介质，声音无法在井筒内传播。

处理方法：①在井口连接器后接头安装氮气瓶或待套压升高后再测；②采取关闭油套连通、憋高套压的方法重新进行测试。

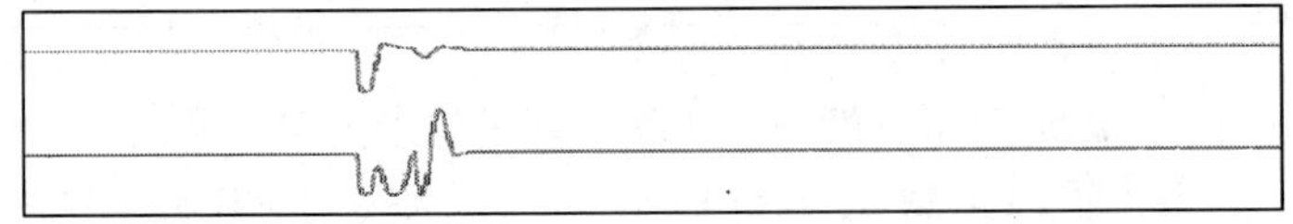

2）液面资料计算

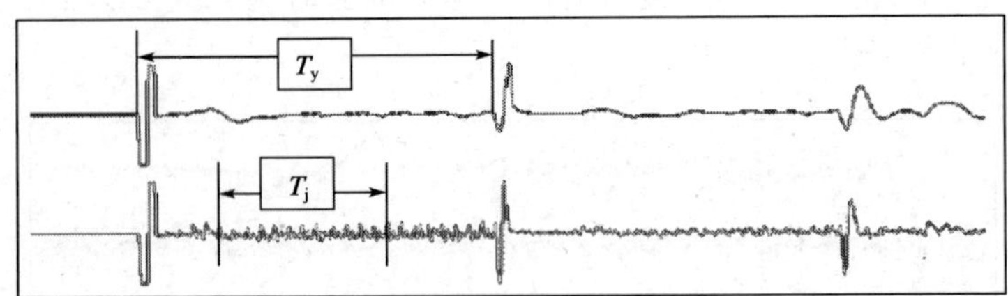

（1）对油管接箍波较清晰的井，液面深度计算步骤如下：

①油管接箍波的平均反射接收时间按下式计算：

$$t = T_j / n$$

式中 t——油管接箍波平均反射接收时间，s；

T_j——油管接箍波曲线上选择的油管接箍波较清晰一段曲线的长度，通常取大于5个接箍波长度，s；

n——在油管接箍波曲线上选用的一段曲线内接箍波的个数，个。

②液面以上油管根数的估算按下式计算：

$$N = T_y / t$$

式中 N——液面以上油管根数（通常取10的整数倍），根；

T_y——液面曲线上井口波至液面波的长度，s。

③音速按下式计算：

$$v = 2 \cdot \sum h / (N \cdot t)$$

式中 v——声音在油套环形空间中的传播速度，m/s；

$\sum h$——施工总结记录上 N 根油管总长度，m；

N——液面以上油管根数，根；

t——油管接箍波平均反射接收时间，s。

④液面深度计算按下式计算：

$$H = v \cdot T_y / 2$$

式中 H——测试井的液面深度，m。

（2）对液面深度小于50m且接箍波不明显的井，可用该井所在地区平均音速或套压与音速的关系曲线计算出测试井的音速，按下式计算液面深度：

$$H = \bar{v} \cdot T_y / 2$$

式中 $\bar{v}$——测试井区域内的平均声速或根据套压—音速关系曲线计算出的本井的音速，m/s。

25. 选择压力计量程

准备工作：

(1) 正确穿戴劳动保护用品。

(2) 工用具、材料准备：计算器1个，笔1支，纸若干张。

操作程序：

(1) 了解测试仪器设计下入深度。

(2) 了解测试井油压及地层压力。

(3) 量程计算公式：

$$(H_{仪深}/100+油压)/50\%$$

$$(H_{仪深}/100+油压)/80\%$$

(4) 选择合适量程压力计。

(5) 查看该仪器检定证书出具的精度符合设计要求。

(6) 查看该仪器检定证书在有效日期内。

26. 试井绞车测试前检查

准备工作：

(1) 正确穿戴劳动保护用品。

(2) 工用具、材料准备：300mm活动扳手1把，内六角扳手1套，150mm平口螺丝刀1把，100mm十字螺丝刀1把，200mm手钳1把，润滑油，擦布若干。

操作程序：

(1) 检查测试绞车底盘是否有螺栓松动，如有松动应用扳手紧固。

(2) 检查计数器及指重系统是否准确、灵敏、紧固，否则应及时维修。

（3）检查计量轮内有无泥砂、油污等污物，量轮完好无毛边，有损坏及时更换合适计量轮。

（4）检查操作面板上的各个仪表、开关灵活好用，连接线完好无破损。

（5）检查刹车、滚筒、离合器离合是否工作正常，滚筒转动同心，无来回摆动现象。

（6）检查绞车的润滑部位是否缺油，如果缺油应及时加注。

（7）检查排丝装置转动灵活，麻花轴内无泥砂、润滑良好。

（8）检查气路管线、接头、阀件是否密封，如有漏气现象应及时维修或更换。

（9）检查气泵工作是否正常，如有故障应停止使用，及时维修。

（10）检查液压油箱液位高度合适、油质合格，液压管线无损伤和漏油现象，如液压油变质或油位过低，应及时更换或补充液压油。

（11）检查液压泵运转是否正常，检查液压控制阀动作是否灵活、压力表指示是否准确。

（12）检查测试钢丝或测试电缆是否有死弯、砂眼、硬伤等现象，长度能满足测试要求。

操作安全提示：

（1）检查紧固绞车机械部件时，一定要在发动机熄灭状态下进行。

（2）指重装置及计深装置必须准确、好用，否则必须及时维修。

（3）滚筒转动不同心或来回摆动，要停止使用。

（4）检查钢丝或电缆是否有死弯、砂眼，钢丝长度应大于测试井深100m以上，电缆应大于测试井深200m以上，防止发生落物事故。

27. 液压绞车的保养与操作

准备工作：

（1）正确穿戴劳动保护用品。

（2）工用具、材料准备：300mm活动扳手1把，内六角扳手1套，150mm平口螺丝刀1把，100mm十字螺丝刀1把，200mm手钳1把，液压油1桶，润滑油、擦布若干。

操作程序：

绞车的保养：

（1）检查绞车各部位的固定螺栓是否紧固。

（2）检查计深装置、指重装置显示准确、灵活、可靠，检查计量轮、导向轮是否完好，转动灵活无卡、磨现象。

（3）检查刹车带有无变形、开裂、脱铆现象，刹车可靠，清洁刹车带与刹车鼓的摩擦面，检查调整刹车带与刹车鼓的紧固情况，松开刹车后间隙应为2～3mm。

（4）检查滚筒是否转动正常、灵活，无来回摆动，紧固滚筒轴承座及轴承架。

（5）检查手摇机构应轻便、摘挂灵活、可靠。

（6）检查绞车各润滑部位是否缺油，缺油应及时加注润滑油。

盘绳器的保养：

（1）检查盘丝装置动作灵活，光杆表面干净、光滑，麻花轴和滑块无损伤、间隙合适。

（2）检查气路操控系统运转正常，气动阀分、合动作灵活可靠，油门操作灵活，气路管线和阀件密封无漏气

现象。

（3）检查液压系统，油位高度合适，液压油无变质现象，液压泵运转正常，液压管线无渗漏、无损伤，液压控制阀灵活好用，压力表指示准确。

（4）检查测试钢丝（电缆）是否有砂眼、死弯、硬伤等，长度能满足测试要求。

（5）测试电缆通信正常，用兆欧表测量，阻抗应大于100MΩ。

绞车的操作：

（1）根据井场的地形、风向选好停车位置，距离井口20～30m。绞车对正井口，绞车岗位操作视线要好，应避开电线停车。

（2）摇紧钢丝，将计数器归零，把离合器松开，慢慢松开刹车，下放测试仪器。

（3）起下仪器一定要平稳，严禁猛放猛起。正常起下速度钢丝应小于100m/min，电缆不大于80m/min，仪器进入工作筒或未出工作筒之前，钢丝起下速度应小于50m/min，电缆起下速度应小于30m/min。

（4）起下仪器时，钢丝要绷直，防止跳槽和打扭。

（5）注意观察指重器负荷变化及转数表的计数情况，防止跳字、卡字现象。

（6）仪器下到测试深度时要放慢下放速度，到达测试层位要刹住刹车进行停测。

（7）仪器起至距离井口150m时，减速慢起，钢丝上起速度小于50m/min，电缆上起速度小于30m/min，距离井口20m时应停车用手摇，使仪器慢慢进入防喷管。

（8）仪器进入防喷管后，关闭测试阀门，放空卸堵头，起出仪器，将钢丝盘回绞车，将刹车刹死。

操作安全提示：

(1) 油门控制应当平稳缓慢，严禁急加、急收。

(2) 钢丝、电缆无死弯、砂眼、硬伤，否则会因为死弯和砂眼造成仪器工具掉落。

(3) 选择停车位置时，必须避开电线，如果电线在井口正上方，禁止施工。

(4) 上提仪器过层时不能过快，一定要手摇绞车让仪器进入防喷管。

(5) 使用兆欧表测量完阻抗时，必须进行放电。

28. 计量轮的更换与检查

准备工作：

(1) 正确穿戴劳动保护用品。

(2) 工用具、材料准备：300mm 活动扳手 1 把，150mm 螺丝刀1 把，400mm 钢板尺1 把，300mm 外卡1 把，内六角扳手1 套，测试绞车 1 台，计量轮 1 个，压紧轮 1 个，擦布若干。根据测试绞车不同，选择合适的工具。

操作程序：

检查计量轮：

(1) 检查计量轮转动情况是否同心，是否来回摆动。

(2) 检查计量轮与转数表芯子的连接状况，转数表芯子是否连接紧固。

(3) 检查计量轮的固定螺栓是否紧固。

(4) 检查计量轮与压紧轮的结合是否紧密。

(5) 检查压紧轮是否完好，如果磨损严重应及时更换。

(6) 检查转数表芯子转动是否正常。

(7) 检查压紧轮滑块、螺纹是否完好。

(8) 检查计量轮支架是否完好，是否开焊，否则应及时维修或更换。

更换计量轮：

(1) 卸掉转数表芯子。

(2) 卸松压紧轮，取出钢丝。

(3) 使用外卡和钢板尺，量出计量轮内槽直径。

(4) 根据公式计算出计量轮的误差：

$$\Delta H = 1000 - (D + d)\pi E_2/E_1$$

式中 ΔH——转数表每米记录误差，mm；

D——计量轮直径，mm；

d——钢丝直径，mm；

E_1——主变速轮齿数；

E_2——副变速轮齿数。

油田上常用的 E_2/E_1 齿轮比有25/18、1.6等。

(5) 计量轮直径误差不得超过 ±0.5mm，否则需更换计量轮。

(6) 用扳手卸掉计量轮。

(7) 将符合使用要求的计量轮安装在计量轮的支架上，上紧固定螺栓。

(8) 将合格的压紧轮安装好，并调整好压紧轮与计量轮之间的间隙。

(9) 检查计量轮的转动是否正常。

(10) 将转数表芯子与计量轮连接紧固。

操作安全提示：

(1) 检查、更换计量轮时，一定要保证发动机处于熄火状态。

(2) 压紧轮完好，压紧轮与计量轮间隙合适，否则易造成钢丝从计量轮跳出打扭或卡断。

(3) 卸松压紧轮，取出钢丝时，防止钢丝弹出伤人。

29. 弹簧式振荡器的保养与检查

准备工作：

(1) 正确穿戴劳动保护用品。

(2) 工用具、材料准备：600mm 管钳 2 把，100mm 螺丝刀 1 把，油盆一个，弹簧式振荡器 1 支，棉纱若干，黄油若干。

操作程序：

(1) 检查振荡器主体是否完好，是否弯曲或变形，如有以上现象应及时修理或更换。

(2) 更换各连接部位的密封胶圈，保证连接部位的紧固。

(3) 检查各连接部位的螺纹，如有磨损或错扣应及时更换。

(4) 主体下落灵活，靠自重下落时止动片能归位，并能锁止外套。

(5) 清洗振荡器各部件。

(6) 检查各部位紧固情况，主体大销钉应牢固，在地面震击二次以上无松动。

(7) 手压止动片弹起灵活并突出外套 12mm，弹力不小于 4.9N。

(8) 主体弹簧应完好，试验拉开力量不小于 280N。

操作安全提示：

(1) 拆卸振荡器时，操作平稳，防止伤人。

(2) 振荡器主体拉出或回落时，手持的位置要正确，防止伤人。

30. 验封密封段的保养

准备工作：

（1）正确穿戴劳动保护用品。

（2）工用具、材料准备：600mm 管钳 2 把，75mm、100mm 平口螺丝刀各 1 把，游标卡尺 1 把，油盆 1 个，验封密封段 1 支，密封段皮碗若干，无铅汽油 500mL，细砂纸 2 张，黄油若干，棉纱若干。

操作程序：

（1）卸掉上接头，取出第一道皮碗、隔圈。

（2）卸掉中心管，取出第二道皮碗、隔圈。

（3）卸下定位爪销钉，取出定位爪及定位爪弹簧。

（4）卸下凸轮销钉，取下凸轮和弹簧。

（5）卸下顶杆限位螺钉，取出顶杆。

（6）清洗检查各部件并涂润滑油，更换密封段皮碗。

（7）组装按相反操作进行，组装后用细砂纸将工具带出的毛刺打磨掉。

（8）检查凸轮销钉是否牢固，试验凸轮、顶杆、定位爪收拢、释放动作灵活。

（9）测量并调整皮碗直径，调整后皮碗各方向直径要在 46.1 ~ 46.3mm 之间。

（10）测量定位爪张开和收拢尺寸，收拢时最大外径不大于 44mm，张开时最大外径 80 ~ 82mm。

（11）组装后密封段，钢体外径不大于 45mm，各部位螺钉紧固。

操作安全提示：

（1）用汽油清洗各部件时，要注意防火。

（2）使用工具拆装时，要平稳操作，避免损坏仪器或伤人。

31. 提挂式投捞器的保养及检查

准备工作：

(1) 正确穿戴劳动保护用品。

(2) 工用具、材料准备：100mm、150mm 平口螺丝刀各 1 把，450mm、600mm 的管钳各 1 把，游标卡尺 1 把，提挂式投捞器 1 支，各种弹簧若干，棉纱若干，柴油少许。

操作程序：

拆投捞器：

(1) 卸下绳帽。

(2) 卸下上锁轮的螺钉，取出上锁轮。

(3) 卸下投捞爪调整螺钉，取支撑弹簧。

(4) 卸下投捞爪的连接螺钉，取出投捞爪，卸下四方接头，取出弹簧。

(5) 卸下下部锁轮螺钉，取出下部锁轮。

(6) 卸下定向爪固定螺钉，取出定向爪及支撑弹簧。

(7) 检查、擦拭投捞器的主体及各部件，如锈蚀严重放入柴油中浸泡，去除锈蚀。更换各部位的弹簧。

(8) 检查各连接部位的螺纹是否完好，如有磨损、错扣应及时更换。

组装投捞器：

(1) 装上定向爪支撑弹簧，将定向爪放入定向芯子内，安装定向爪固定螺钉，安装下部锁轮及螺钉。

(2) 将投捞爪与投捞器主体对接，上紧固定螺钉，安装上部锁轮及螺钉。

(3) 安装支撑弹簧，调整螺钉并做适当调整。

(4) 紧固各连接部位，上紧各部位螺钉。

(5) 用锁轮锁定投捞爪和定向爪后，再释放开，各部件

动作应灵活。

(6) 测量定向爪张开后，突出定向心外套不大于 (6 ± 0.5) mm。

(7) 用游标卡尺测量投捞爪收拢后外径，投捞器最大外径不大于44mm，张开后外径必须在96 ~ 106mm 之间。

(8) 检查各部位固定螺钉是否紧固，有无突出现象，打捞头、压送头各部件齐全完好。

操作安全提示：

(1) 操作平稳，防止工具脱手伤人。

(2) 卸下零件，摆放整齐牢靠，防止掉落伤人。

(3) 使用柴油清洗投捞器各个部件时，不准动用明火，防止发生火灾。

32. 偏心堵塞器的保养及检查

准备工作：

(1) 正确穿戴劳动保护用品。

(2) 工用具、材料准备：200mm 手钳 1 把，100mm 平口螺丝刀 1 把，平锉刀 1 把，台虎钳 1 台，铳子 1 把，手锤 1 把，精度 0.02mm、规格 0 ~ 200mm 卡尺 1 把，偏心堵塞器 5 支，密封圈、弹簧若干，棉纱若干，柴油 500mL，扭簧 10 个，不同直径的水嘴若干，擦布若干。

操作程序：

(1) 检查偏心堵塞器外观是否完好，有无弯曲、变形。

(2) 检查打捞杆是否弯曲、变形或断裂。

(3) 检查台虎钳是否灵活好用。

(4) 拆偏心堵塞器：

①用棉纱将偏心堵塞器擦拭干净。

②用手钳将偏心堵塞器的压盖卸松，用手将压盖卸掉。

③用螺丝刀将压盖上的密封圈卸掉。

④取出弹簧及打捞杆。

⑤用擦布将堵塞器包好，留出凸轮销子的位置，将堵塞器夹持在台虎钳上。

⑥用铳子对正凸轮销子位置，用手锤敲击，将凸轮销子从堵塞器上取出。

⑦取出扭簧及凸轮。

⑧卸掉过滤网，取出水嘴，卸下密封圈，测量水嘴直径。

⑨从堵塞器主体上卸下四道密封圈。

⑩擦拭检查各部件，如有损坏应更换。

(5) 装偏心堵塞器:

①安装堵塞器四道密封圈，测量密封圈过盈量在0.2～0.4mm之间。

②测量水嘴直径，更换水嘴密封圈，安装水嘴及过滤网。

③将更换的扭簧放入扭簧槽内，装入凸轮。

④将凸轮销子穿过凸轮、扭簧及堵塞器主体，用铳子将凸轮销子固定。

⑤安装打捞杆和打捞杆弹簧。

⑥更换压盖密封圈，上紧压盖。

⑦测量凸轮的外伸尺寸，凸出主体2～3mm为合格。

⑧将压盖和过滤网上紧。

操作安全提示:

(1) 用螺丝刀卸密封圈时，防止螺丝刀打滑伤人。

(2) 用锉刀打磨凸轮销子时，要戴好防护手套，平稳操作，防止锉刀伤人。

(3) 用柴油浸泡堵塞器各部件时，不得吸烟或者有明火。

33. 拆装投捞器

准备工作：

（1）正确穿戴劳动保护用品。

（2）工用具、材料准备：黄油 500g，弹簧 5 个，机油 500g，300mm 活动扳手 1 把，100mm 螺丝刀 1 把，150mm 螺丝刀 1 把，450mm 管钳 1 把，游标卡尺 1 把。

操作程序：

（1）卸下绳帽。

（2）卸下上锁轮螺钉，取下上锁轮总成。

（3）取下投捞爪连接螺钉，取下投捞爪及弹簧。

（4）卸下下锁轮螺钉，取下下锁轮总成。

（5）卸下导向爪螺钉，取下导向爪及弹簧。

（6）检查上下锁轮螺钉及锁轮总成有无损坏，涂抹黄油保养。

（7）检查投捞爪连接螺钉、投捞爪及弹簧有无损坏，涂抹黄油保养。

（8）检查导向爪螺钉、导向爪及弹簧有无损坏，涂抹黄油保养。

（9）组装（与拆卸顺序相反）。

（10）检查各部件弹簧弹性。

（11）拧紧连接螺钉。

（12）检查投捞器最大外径不超过 45mm。

（13）检查投捞器各连接部件灵活。

操作安全提示：

（1）拆卸投捞爪及弹簧时，注意弹簧伤人。

（2）卸下导向爪螺钉，取下导向爪及弹簧，注意弹簧伤人。

(3) 在拆卸时，注意重物伤人。

34. 拆装保养气动井口连接器

准备工作：

(1) 正确穿戴劳动保护用品。

(2) 工用具、材料准备：300mm 活动扳手 1 把，150mm 平口螺丝刀 1 把，套筒扳手 1 套，气动井口连接器 1 套，黄油 500g，擦布若干。

操作程序：

(1) 用擦布清除井口连接器表面的油污。

(2) 卸井口连接器的连接头，检查螺纹是否有损坏。

(3) 把气仓气放净后，卸气仓压盖。

(4) 卸气仓内放压机构，把各部件擦洗干净。

(5) 卸下微音器室，取出微音器，用擦布清洁微音器压帽及微音器。

(6) 把各螺纹处打上适量黄油。

(7) 按相反顺序组装井口连接器。

操作安全提示：

(1) 卸井口连接器要注意安全，防止弹簧件弹出伤人。

(2) 卸气仓时把气放净，放空口冲下，防止伤人。

(3) 使用专用工具时要平稳操作，防止工具脱出伤人。

35. 安装保养钢丝测试防喷装置及测试滑轮总成

准备工作：

(1) 正确穿戴劳动保护用品。

(2) 工用具、材料准备：900mm 管钳 1 把，200mm 扳手 2 把，套筒扳手 1 套，150mm 平口螺丝刀 1 把，铳子 1 个，手锤 1 把，钢丝测试井口防喷装置 1 套，测试滑轮 1 个，滑轮轴承

2个，擦布若干，黄油若干。

操作程序：

(1) 根据不同的测试项目及井口状况，选择不同类型的井口防喷装置。

(2) 检查测试滑轮外观有无变形、焊接部位有无开焊的现象，滑轮的轮边是否有缺口。滑轮应转动正常，无摆动现象。

(3) 用扳手将测试滑轮的固定螺栓卸掉，将滑轮轴取下，检查滑轮轴是否变形，螺纹有无磨损、错扣现象。

(4) 用卡钳取出弹簧挡片，将滑轮轴承取出。

(5) 在滑轮轴承上均匀地涂抹润滑油，将滑轮轴承装在滑轮盘内，装上挡片，将轴穿过滑轮支架及轴承，上紧固定螺丝。

(6) 检查滑轮转动是否正常、是否同心，有无摆动、跳动现象。

(7) 检查所使用的防喷管是否变形、弯曲，螺纹是否有磨损、错扣的现象。

(8) 检查防喷管的放空阀门开关是否灵活好用。

(9) 检查防喷管操作平台、脚踏、安全带固定装置是否有开焊现象。

(10) 检查测试堵头螺纹是否正常，并更换堵头内的密封填料。

(11) 连接井口防喷装置，将其安装在测试阀门的上端，并将井口滑轮套在防喷管上。

操作安全提示：

(1) 操作时防止滑轮转动夹伤手指。

(2) 上下防喷管系好安全带，并做好监护工作。

（3）安装防喷管时，操作人员配合好，防止发生防喷管倾倒伤人事故。

36. 安装使用环空井防喷装置

准备工作：

（1）正确穿戴劳动保护用品。

（2）工用具、材料准备：黄油 500g，棉纱 500g，机油 500g，250mm 活动扳手 1 把，螺丝刀 1 把，19 号开口扳手 1 把。

操作程序：

（1）检查井口防喷装置齐全有效（防喷管）。

（2）检查清洁防喷装置。

（3）更换防喷盒密封圈。

（4）检查连接螺纹，并涂抹密封润滑油。

（5）连接防喷盒、防喷管。

（6）关偏孔阀门，缓慢放压后卸下堵头。

（7）先安装偏心小井口，再安装偏心井口防喷管。

（8）开偏孔阀门，将防喷管中的仪器下入井下。

（9）关偏孔阀门，缓慢放压后，卸下防喷管，安装井口滑轮。

（10）测试完毕后，取下井口滑轮，安装偏心井口防喷管。

（11）开偏孔阀门，将仪器拉入防喷管中，关闭偏孔阀门，缓慢放压。

（12）卸下防喷管，并分解；卸下偏心小井口。

（13）装上偏孔阀门上的堵头。

（14）打开偏孔阀门，恢复原状。

操作安全提示：

（1）安装前认真检查和更换防喷盒密封圈。

（2）要缓慢放掉防喷管内气压，确定没压力后再卸下堵头。

（3）开偏孔阀门要注意侧身。

（4）拆卸、安装防喷管时注意重物伤人。

37. 压力表的检查及安装操作

准备工作：

（1）正确穿戴劳动保护用品。

（2）工用具、材料准备：250mm、300mm 活动扳手各 1 把，通针 1 根，钢锯条 1 根，钢丝钩 1 根，各个量程压力表各 1 块，生料带 1 卷，棉纱 500g。

操作程序：

（1）根据使用条件选择量程合适的压力表。

（2）检查压力表的检验日期、合格证，铅封完好、量程线合适。

（3）检查压力表各螺钉紧固，螺纹完好，传压孔无堵塞。

（4）轻敲压力表，指针归零位，摆动正常。

（5）关闭压力表控制阀门，用扳手卸松，并取下压力表。

（6）清理阀门内脏物，用通针疏通上、下孔。

（7）将所选择压力表顺时针缠生料带，安装压力表，并将压力表位置摆正。

（8）缓慢打开控制阀门进行试压，检查渗漏。

（9）确认无渗漏后，开大控制阀门，观察、读取压力值。

操作安全提示：

（1）安装前认真检查压力表螺纹，并使用压力表接头。

（2）开关压力表控阀门时要侧身、缓慢操作。

（3）安装前要确保压力表接头及压力表的传压孔畅通无

堵塞。

（4）拆卸、安装压力表时禁止用手扳动表头。

38. 使用游标卡尺测量工件

准备工作：

（1）正确穿戴劳动保护用品。

（2）工用具、材料准备：HB 铅笔若干，A4 白纸若干，棉纱若干，150mm 直尺 1 支，被测工件若干，125mm 游标卡尺 1 把。

操作程序：

（1）检查卡尺：无损伤，螺钉无松动，主副尺贴合零线对齐。

（2）擦干净测量工件。

（3）测量工件的深度：将深度尺垂直插入工件内，尺身尾部紧靠工件的基准面。

（4）从主尺上读出整数部分，副尺上读出小数部分，相加后即是测量数据，然后记录。

（5）测量工件的外径：使固定量爪和活动量爪紧贴被测量工件的外壁，要测出两点间的垂直距离，拧紧固定螺钉。

（6）缓慢取下卡尺，读出测量数据并记录。

（7）测量工件的内径：松固定螺钉，四指紧握主尺，大拇指向前或后推动，将上量爪轻轻卡入孔内，慢慢推动副尺，使内径卡在卡尺槽内，拧紧固定螺钉。

（8）缓慢取出卡尺，读出测量数据并记录。

（9）测量数据以毫米为单位，数值误差 ±0. 02mm。

操作安全提示：

操作过程中要将工件放稳防止掉落。

39. 万用表的使用

准备工作：

（1）正确穿戴劳动保护用品。

（2）工用具、材料准备：75mm 螺丝刀 1 把，MF500 型万用笔 1 块，不同阻值的电阻 3 只，电池 1 块，交流电源 1 台。

操作程序：

（1）检查万用表校验合格证书，对万用表机械调零。正确选择红、黑颜色表笔插入测试孔。

（2）测量电阻：将挡位开关置于“Ω”挡，将量程开关置于相应范围内，将两表笔短接，进行“Ω”调零，然后将被测电阻接在两表笔之间。表盘上的读数乘以所选挡位量程倍数即为所测电阻值。测量电阻每次换挡时都应进行“Ω”调零。

（3）测直流电流：将挡位开关置于“mA”，将量程开关置于相应范围内，然后按电流从正到负的方向将万用表串接到被测电路中，在直流电流刻度下读出数值。

（4）测直流电压：将挡位开关置于“V”，将量程开关置于相应范围内，将两表笔按正负极并联到被测电路两端，在直流电压刻度下读数。

（5）测交流电压：将挡位开关置于“V”，将量程开关置于相应范围内，将表笔置于被测电压两端，在交流电压刻度盘读数。

（6）测量电流或电压时，如不清楚测量范围，应先选择最大挡开始测量，然后再逐级降挡测量，保证指针在量程的 1/3 ~ 2/3 之间。

（7）测量完成后，万用表恢复到安全挡位，收表笔线。

操作安全提示：

(1) 测量直流电压时，必须注意极性，不能用直流挡测交流电压。

(2) 测量时应正确连接正负极，以免表针反向偏转易损坏表头。

(3) 测量时应用手握住测试笔杆，不应用手接触测试笔尖和被测元件。

(4) 测量电压时，尤其是高压时应注意安全，最好一只手将表笔固定，另一只手拿表笔触及测试点。

(5) 测量电流或电压时，如不清楚测量范围，应先选择最大挡开始测量，然后再逐级降挡测量。

40. 兆欧表的使用

准备工作：

(1) 正确穿戴劳动保护用品。

(2) 工用具、材料准备：200mm 活动扳手 1 把，75mm 平口、十字螺丝刀各 1 把，兆欧表 1 只，被测设备 1 台，放电线 1 根，擦布、砂纸若干块。

操作程序：

(1) 检查兆欧表校验合格证书，检查兆欧表外观是否正常，将兆欧表水平放置，L 和 E 两接线柱分别接入红、黑两表笔。

(2) 对兆欧表进行短路验表和开路验表，使 L 和 E 接线两表笔短接，慢慢摇动手柄，指针迅速指零，证明短路验表合格；将 L 和 E 接线两表笔开路，摇动手柄速度为 120r/min，表针指示“∞”，证明开路验表合格。

(3) 检查被测电气设备接线应与电源彻底切断。绝对不允许设备和线路带电使用兆欧表测量。

（4）测量前，应对设备和线路先行放电，以免设备或线路的电容放电，危及人身安全和损坏兆欧表，测量时将被测试点擦拭干净。

（5）接线正确无误，兆欧表有三个接线柱，E（接地）、L（线路）和G（保护环或称屏蔽端子）。

（6）摇动手柄的转速要均匀，转速为120r/min，通常摇动1min待指针稳定后进行读数。测量中若指针指零，应立即停止摇动手柄。

（7）测完后先拆去接线，再停止摇动。

（8）测量完毕，应对被测设备进行充分放电，兆欧表未停止转动以前，切勿用手去触及设备的测量部分或兆欧表接线柱。拆线时也不可直接触及引线的裸露部分。

操作安全提示：

（1）测量前，被测设备必须与其他电源断开，测量完毕一定要将被测设备充分放电，以保护设备及人身安全。

（2）兆欧表与被测设备之间应使用单股线分开单独连接，并保持线路表面清洁干燥，避免因线与线之间绝缘不良引起误差。注意在摇动手柄时不得让L和E短接时间过长，否则将损坏兆欧表。

（3）摇动手柄时，应由慢渐快，均匀加速到120r/min，并注意防止触电。

（4）为了防止被测设备表面泄漏电阻，使用兆欧表时，应将被测设备的中间层（如电缆壳芯之间的内层绝缘物）接于保护环。

（5）禁止在雷电时或附近有高压导体的设备上测量绝缘电阻，只有在设备不带电又不可能受其他电源感应而带电的情况下才可测量。

41. 制作打捞矛的操作

准备工作：

(1) 正确穿戴劳动保护用品。

(2) 工用具、材料准备：台虎钳 1 台，板锉 1 把，电焊机1 台，钢锯1 把，钢锯锯条若干，接头1 个，20mm×500mm 圆钢，8mm×50mm 钢筋。

操作程序：

(1) 准备工具，检查设备、工具是否齐全。

(2) 将直径为 20mm 的圆钢夹在台钳上，用板锉把一头打磨成圆锥形，锥长约 20mm，制成钩身。

(3) 将直径为 8mm 钢筋夹在台钳上，用钢锯将钢筋斜角平行锯成 5 个钩齿，两面尖角为 30°，两尖距约 40mm。

(4) 将钩齿按 120°角螺旋排列，焊接到钩身上。

(5) 再将打捞矛与接头焊接牢固。

(6) 用板锉打磨钩齿和带有毛刺的地方。

操作安全提示：

(1) 在用锉刀锉打磨时，要带好防护手套平稳操作。

(2) 焊接点一定要焊接牢固，不得有虚焊、漏焊。

(3) 焊接打捞矛的时候一定要避开弧光，避免造成眼部灼伤。

(4) 使用电源时一定要注意用电安全，避免发生触电事故。

42. 打捞井下落物的操作

准备工作：

(1) 正确穿戴劳动保护用品。

(2) 工用具、材料准备：450mm、600mm 管钳各 2 把，

900mm 管钳 1 把，200mm 螺丝刀 1 把，胶皮阀门 1 个，铅模 4 个，加重杆 1 支，打捞卡瓦 1 个，400mm、800mm 振荡器各 2 支，打捞矛 2 支。

操作程序：

（1）首先了解落物井的井下管柱结构，井口各阀门开关是否灵活。

（2）了解落物井的生产情况，如压力、水量、出砂情况等。

（3）落物原因的确定：

①搞清落物的原因、形状、尺寸和深度，绘制草图。

②若为脱扣落物，首先确定脱扣部位，落物的结构、长度及外形特征及鱼尾螺纹形状。

③若为断钢丝落物，要了解断钢丝的原因。例如，如仪器遇卡拔断，确定剩余钢丝长度；钢丝在井筒内打扭拉断，确定钢丝拉断深度；绳结拉脱；在井口碰断或井口关断。

（4）打捞卡钻落物：

①遇卡严重的应该先下通井器反复撞击减小被卡程度。

②连接好绳帽、加重杆、振荡器、打捞筒。

③为了减小压力，可先关井降压，然后再下打捞工具。

④捞住落物后不能硬拔，应用振荡器反复振荡解卡。

⑤为了防止卡钻严重，再次把钢丝拔断，应在打捞工具上接一个负荷安全接头。当负荷超过钢丝拉力允许值时，安全接头上的销钉被剪断，钢丝可从井下起出，然后进行二次打捞。

⑥当多次振荡不能解卡时，应多调整绞车方向，然后继续反复振荡，直至解卡为止。

（5）打捞带钢丝的落物：

①连接好绳帽、加重杆、振荡器、打捞矛准备下井。

②打捞工具下放深度不宜过大，应下一定深度后上提，观察指重器上的负荷变化。

③负荷没有变化再下放一定深度再上提，继续观察指重器的变化。

④逐步加深深度，直至捞住钢丝为止，然后中间岗的操作人员应反复压钢丝，让打捞矛能够牢固地抓住井下的钢丝。

⑤上提钢丝，绞车速度一定要慢，速度均匀，速度控制在30m/min，避免因为速度快造成井下钢丝再次落入井下。

⑥将钢丝提至井口进入防喷管内时，关闭胶皮阀门，放空后卸下堵头，提出打捞工具。将胶皮阀门以上的钢丝理直，将理直的钢丝穿过堵头，并将防喷堵头上的防喷盒上紧，打开胶皮阀门，再缓慢上提，将钢丝提出。

⑦按照上述方法再次下井打捞剩下的钢丝，直至将井下的钢丝捞出为止。

⑧如不确定钢丝是否全被捞出，则下仪器打印铅模。打印铅模后确定没有钢丝则下打捞筒将井下工具打捞出来。

(6) 收拾工具，打扫井场，控制好注水压力，恢复注水。

操作安全提示：

(1) 施工前要制订安全措施及事故处理应急预案，准备好安全警示标识。

(2) 开关阀门一定要侧身操作，防止丝杆飞出伤人。

(3) 测试阀门关闭后，未放空或放空不通不能卸堵头。

(4) 传递仪器时要注意做好配合，并要有呼应。

(5) 高空作业时，操作人员应穿戴好安全防护用具，并有专人监护。

(6) 安装防喷管时，操作人员配合好，防止发生防喷管

倾倒伤人事故。

（7）大雾、大雨、大雪、六级以上大风或夜间，不能进行测试。

（8）打捞工具进入防喷管后方可关闭胶皮阀门，放空或放空不通不准卸堵头。

（9）打捞时，必须安装地滑轮，防止发生防喷管断造成伤人事故。

（10）打捞需要放空泄压时，必须有罐车，禁止外排。

43. 编写井下落物打捞方案

准备工作：

（1）正确穿戴劳动保护用品。

（2）工用具、材料准备：打印纸若干，笔1支。

操作程序：

（1）收集井的基本情况：

①井身结构示意图。

②油水井生产动态。

③地面设备情况。

（2）分析落物原因、形状、尺寸、深度。

（3）打捞的目的：

①不影响油水井的正常生产。

②消除井内落物，对油水井负责。

（4）打捞工具的准备与选择：

①一般工具准备（地面）：胶皮阀门、防喷管、绷绳、地滑轮等。

②打捞工具准备（井下）：根据落物的形状选择合适的捞具。

（5）制订打捞落物过程中的施工要求及措施。

（6）制订打捞注意事项及应急方案。

（7）设计书必须有设计人、审核人、批准人，打印成文。

（8）卸下防喷管，并分解；卸下偏心小井口。

二、常见故障判断与分析

1. 注水井水表有什么故障？故障原因有哪些？如何处理？

故障现象：

（1）注水井正常注水时水表不转。

（2）测试水量与水表水量不符。

故障原因：

（1）注水井水质脏，造成水表叶轮被脏物卡死；水表叶轮损坏；注水井水表表头卡死；水表底部被脏物遮挡。

（2）水表没有密封圈；水表密封圈损坏或水表计量不准确；水表叶轮损坏。

处理方法：

（1）卸下水表，清出水表内的脏物；冲洗注水干线；更换注水井水表表头；更换水表。

（2）检查更换水表密封圈；重新校验水表。

2. 注水井取压装置故障有什么现象？故障原因有哪些？如何处理？

故障现象：

（1）取压阀门打不开。

（2）取压阀门打开后压力表不起压力。

（3）取压阀门漏。

故障原因：

（1）取压阀门长时间关闭，阀门腐蚀或者严重结垢，造成取压阀门打不开。

(2) 取压阀门被脏物堵死，造成取压阀门打开后压力表没有压力显示，防冻油盒缺油。

(3) 取压阀门内的密封件破损。

处理方法：

(1) 用柴油浸泡后，使用力矩较大的工具进行旋转将其打开。

(2) 关井泄压后，卸下取压阀门，用通针把取压阀门的传压孔通开，加注防冻油。

(3) 关井泄压后，更换取压阀门。

3. 压力表的故障有什么现象？故障原因有哪些？如何处理？

故障现象：

(1) 卸下压力表后，压力表不归零。

(2) 安装压力表后，打开取压阀门，压力表不起压力。

(3) 压力表与井下仪器测取的压力误差大。

(4) 测试过程中压力表示值与井下仪器所测压力有误差，差值不定。

故障原因：

(1) 压力表受碰撞致使压力表不归零；冬天压力表没有防冻装置，压力表冰冻造成不归零。

(2) 压力表传压孔堵塞，造成压力表不起压力。

(3) 压力表没有校检，造成压力表的误差大。

(4) 使用中操作不当、有振动造成表盘或表针松动；压力表固定螺钉松动；压力表内的游丝损坏。

处理方法：

(1) 重新校正压力表；冬天一定要给压力表采取防冻

措施。

(2) 用通针清理传压孔。

(3) 定期校检压力表。

(4) 紧固表盘和压力表的螺钉，更换压力表游丝，重新校验压力表。

4. 注水井阀门的故障有什么现象？故障原因有哪些？如何处理？

故障现象：

(1) 阀门开关不动。

(2) 阀门打开后注水井不注水。

(3) 铜套子损坏或压盖松动。

(4) 阀门关不严。

故障原因：

(1) 阀门长时间未加注润滑油，阀门轴承缺油，致使阀门锈死。

(2) 阀门闸板与丝杠脱离。

(3) 铜套子质量问题或使用时间过长；压盖脱扣或未上紧。

(4) 闸板和闸板槽结合不严；闸板槽有杂质，造成闸板关闭不严；闸板及闸板槽损坏。

处理方法：

(1) 阀门加注润滑油，后慢慢活动。

(2) 关井、放空，卸下阀门压盖，重新安装好阀门闸板。

(3) 更换新的铜套子，上紧压盖。

(4) 关井、放空，清除闸板槽内的杂质；更换阀门。

5. 注水井油压升高的故障有什么现象？故障原因有哪些？如何处理？

故障现象：

（1）注水井注入或测试过程中，井口油压表压力值或井下仪器测得的压力突然升高。

（2）测试过程中，泵压没有变化，井下流量计压力突然升高，所测流量反而下降。

故障原因：

（1）泵压升高或下流阀门跳闸板造成油压升高。

（2）注入水质不合格，管柱结垢，造成水嘴堵、滤网堵或射孔孔眼堵塞；地层堵塞或吸水能力下降。

处理方法：

（1）重新控制好注水量。

（2）反洗井解堵或拔出堵塞器解堵。

6. 注水井油压下降的故障有什么现象？故障原因有哪些？如何处理？

故障现象：

（1）注水井测试过程中，井口油压表示值或仪器测得压力突然下降较多。

（2）注水井注水压力下降，而注水量反而增加。

故障原因：

（1）地面因素：地面管线漏。

（2）井下因素：封隔器失效；套管外窜槽；套管损坏；底部球座密封不严；水嘴脱落或刺大；油管漏失。

（3）地层因素：采取增注措施后，油层吸水能力增强或井区内油井工作制度改变。

处理方法：

(1) 及时封堵管线漏失。

(2) 更换合适的水嘴；进行洗井处理；重新释放封隔器；进行作业处理。若注水压力下降超过1MPa，应停注并上报相关业务部门。

(3) 重新调配，合理控制好注水量。

7. 注水井挡球漏失的故障有什么现象？故障原因有哪些？如何处理？

故障现象：

注水量上升、压力下降，用井下流量计在接近挡球附近能测出流量。

故障原因：

(1) 有泥砂或死油，使挡球坐不严。

(2) 挡球或球座磨损或腐蚀。

处理方法：

(1) 进行大排量洗井。

(2) 洗井没有效果，交作业队解决。

8. 电子压力计常见故障有什么现象？故障原因有哪些？如何处理？

故障现象：

(1) 卸开仪器后，仪器内有水。

(2) 所测压力卡片不完整或仪器未采点。

(3) 所测压力不准或压力台阶异常。

(4) 回放仪与压力计不能通信。

故障原因：

(1) 密封圈损坏。

（2）电池没有电或电量不足。

（3）电子压力计的传感器有故障。

（4）回放仪或电子压力计通信端口接触不良，通信电缆断。

处理方法：

（1）更换压力计密封圈。

（2）测压前应保证回放仪及压力计电池电量充足。

（3）更换或维修电子压力计的传感器后，校检电子压力计。

（4）维修或更换电子压力计和回放仪的通信端口及通信电缆。

9. 捞不到偏心堵塞器的故障有什么现象？故障原因有哪些？如何处理？

故障现象：

（1）打捞偏心堵塞器时，仪器坐入工作筒，上提投捞器，指重装置负荷没有明显变化，井口压力和水量无变化，仪器起出后未捞到偏心堵塞器。

（2）打捞偏心堵塞器时，仪器在工作筒内坐不住，无法打捞。

故障原因：

（1）投捞器投捞爪张开角度不合适。

（2）工作筒内腐蚀严重，偏心堵塞器上部有铁锈、泥砂等脏物，使投捞爪抓不住堵塞器打捞头；工作筒质量有问题，导向体开口槽与偏心孔不同心。

（3）投捞爪、导向爪的支撑弹簧损坏或锁轮损坏、卡死，致使投捞爪或导向爪不张开。

（4）偏心堵塞器的打捞杆弯曲、腐蚀或断裂。

(5) 所捞层无堵塞器。

处理方法：

(1) 调整投捞器投捞爪角度，使之合适。

(2) 大排量洗井后，再进行打捞；修井作业解决，并加强工具下井前的检查。

(3) 更换合格的打捞头。

(4) 更换支撑弹簧或锁轮后重新打捞，加强仪器下井前的检查。

(5) 用专用打捞头进行打捞。

(6) 打印铅模验证工作筒内是否有堵塞器。

10. 偏心堵塞器捞到但拔不动故障有什么现象？故障原因有哪些？如何处理？

故障现象：

投捞器坐入工作筒，上提投捞器时，指重器负荷急剧增加，不能上提，卡于工作筒内。

故障原因：

(1) 偏心堵塞器O形密封圈过盈量大，使仪器卡住；

(2) 偏心堵塞器在井下时间过长，造成腐蚀生锈，与偏心孔成为一体；

(3) 偏心堵塞器凸轮失灵。

(4) 偏心孔内有泥砂等杂物，将堵塞器卡死；

(5) 偏心堵塞器或偏心孔加工不规则，有毛刺变形等质量问题。

处理方法：

(1) 对于捞住后拔不出来的故障，可采用手摇绞车活动钢丝反复振荡的办法来处理。如采用以上办法仍不能将偏心堵塞器捞出或使投捞器脱卡，可将钢丝在投捞器绳帽处拔断，

改用较粗的钢丝或钢丝绳下入打捞器进行打捞，也可反洗井后再捞。

（2）如采用以上办法仍然不能有效解决，将采取作业的办法来解决。

（3）加强下井工具的质量检查。

11. 偏心堵塞器投不进去的故障有什么现象？故障原因有哪些？如何处理？

故障现象：

（1）投送偏心堵塞器时，仪器坐入工作筒，地面压力、水量没有变化，上提仪器时，负荷变化不明显，起出仪器，偏心堵塞器未投送成功。

（2）投送偏心堵塞器时，仪器在工作筒内坐不住，无法投送。

故障原因：

（1）偏心堵塞器O形密封圈过盈量大；偏心堵塞器加工不规则。

（2）偏心孔内有泥砂、铁锈等脏物；偏心工作筒内有堵塞器；偏心工作筒加工不规则。

（3）投捞器投捞爪张开角度不合适或投捞爪支撑弹簧太软。

（4）投捞爪、导向爪的支撑弹簧损坏或锁轮损坏、卡死，致使投捞爪或导向爪不张开。

（5）下放过快、操作不平稳中途碰掉。

处理方法：

（1）调整堵塞器O形密封圈过盈量的大小，使之合适。

（2）大排量洗井后重新投堵塞器；打印铅模验证后，将原有的堵塞器捞出。

(3) 调整投捞器投捞爪的角度，更换投捞爪的弹簧。

(4) 更换支撑弹簧或锁轮后重新打捞，加强仪器下井前的检查。

(5) 下放速度不要过快，操作要平稳。

(6) 采取以上措施无效时应上报作业队处理。

(7) 加强下井仪器、工具下井前的检查，保证灵活好用。

12. 测试时超声波流量计的故障有什么现象？故障原因有哪些？如何处理？

故障现象：

(1) 回放测试卡片，只测出压力而未测出流量。

(2) 回放测试卡片，只有流量台阶而未测出压力。

(3) 回放测试卡片，测试资料未测完全。

(4) 井下流量计测试数据异常。

故障原因：

(1) 流量探头损坏。

(2) 压力传感器损坏。

(3) 测试过程中电池没电。

(4) 流量计停测位置不合适。

(5) 测试过程因操作不当造成流量计损坏。

处理方法：

(1) 检查更换流量探头。

(2) 检查更换压力传感器。

(3) 测试前应保证电池电量充足。

(4) 每次吊测一定要注意避让开封隔器和配水器。

(5) 测试过程中，仪器起下操作要平稳，避免仪器损坏。

13. 回放流量计测试数据时的故障有什么现象？故障原因有哪些？如何处理？

故障现象：

（1）数据回放不出来。

（2）打开电源回放仪没有显示。

故障原因：

（1）通信电缆断或虚接。

（2）通信电缆与测试仪器或回放仪通信端口接触不良。

（3）回放仪电池电量不足，无法回放。

（4）回放仪电源开关失灵，或回放仪有故障。

处理方法：

（1）维修或更换通信电缆。

（2）检查回放仪及仪器通信端口，如有故障维修或更换。

（3）回放仪亏电应及时充电。

（4）检修回放仪更换开关。

14. 打捞钢丝时的故障有什么现象？故障原因有哪些？如何处理？

故障现象：

（1）仪器下井过程中，负荷突然变轻。

（2）打捞矛下井抓住钢丝后，上提遇阻或无法上提。

（3）打捞矛抓住钢丝后，上提一段距离后，负荷突然变轻。

故障原因：

（1）打捞前打捞工具未连接紧固或新钢丝未下井松扭力，造成打捞工具脱扣掉入井内。

（2）打捞工具下放太深，造成井下钢丝成团，打捞工具从绳帽拔脱。

(3) 捞住钢丝后未反复压钢丝，导致打捞矛的钩、齿未挂牢靠，上提时钢丝又掉入井内。

处理方法：

(1) 打捞工具下井前要连接紧固，新钢丝一定要先下井松扭力。

(2) 打捞钢丝前，要估算出钢丝大概位置，打捞工具下井一定要慢，要逐步加深。

(3) 捞住钢丝后一定要反复压钢丝，让打捞工具抓紧钢丝。

(4) 下放、上提钢丝速度一定要慢。

(5) 上提时，操作人员一定要随时注意指重器的变化，负荷突然增加应立即停止上提。

15. 测试仪器掉入井内的故障有什么现象？故障原因有哪些？如何处理？

故障现象：

打捞落物过程中，工具遇卡，上提时钢丝拉断、打捞工具脱扣或在井口撞断造成测试工具、仪器掉入井内。

故障原因：

(1) 钢丝质量有问题，钢丝有砂眼，或长期磨损，有裂痕、硬伤痕；钢丝绳结没有打好，钢丝跳槽等原因造成钢丝断，致使打捞工具掉入井内。

(2) 转数表不转或跳字造成计量深度不准而撞击堵头，使打捞工具掉入井内。

(3) 仪器、工具的连接部位未上紧，造成打捞工具脱扣，而使打捞工具掉入井内或打捞工具焊接不牢固，落物卡得太死，抓住落物后勾被拉坏。

（4）负荷过重，未安装地滑轮，造成滑轮或防喷管折断而将钢丝拉断。

处理方法：

（1）定期检查钢丝质量，是否有砂眼或磨损；钢丝的绳结一定要打结实；起下钢丝一定要平稳，防止钢丝跳槽；调整滑轮与堵头，使之同心。

（2）经常检查及维修转数表，如有故障及时维修或更换。

（3）测试仪器、工具各连接部位一定要紧固，防止脱扣事故的发生。

（4）维修或更换合格的滑轮，防止因滑轮质量问题而造成钢丝断而使钢丝落入井内。

（5）如以上方法不能排除故障，上报作业队处理。

16. 卡瓦打捞筒打捞落物时故障有什么现象？故障原因有哪些？如何处理？

故障现象：

（1）卡瓦打捞筒捞不到落物。

（2）捞到落物后拔不动。

（3）起出仪器后，卡瓦筒部件损坏或井下仪器脱扣。

故障原因：

（1）落物被脏物填埋，落物的鱼顶变形。

（2）落物在井下卡钻严重或管柱变形。

（3）卡瓦筒与压紧头拉脱、卡瓦片损坏或绳帽从螺纹处拉脱。

处理方法：

（1）采用反洗井的办法将脏物洗出。

（2）卡瓦筒下井前与振荡器连接好，抓住落物后反复振荡，直到解卡为止。

（3）仪器下井前要认真检并将各连接部位紧固好。

（4）上述方法无效则报作业队解决。

17. 测试时螺纹脱扣的故障有什么现象？故障原因有哪些？如何处理预防？

故障现象：

仪器工具起下过程中，指重器显示负荷降低，仪器起出后仪器螺纹部分脱扣掉入井内。

故障原因：

（1）密封圈破损，仪器各部位未上紧。

（2）仪器螺纹磨损或错扣。

（3）绳结不合格，在绳帽中转动不灵活，造成仪器退扣。

（4）新钢丝下井之前未先下井预松扭力。

处理方法：

（1）下井前各螺纹连接部位要紧固，密封圈有损坏现象要及时更换。

（2）若螺纹有损坏，应停止使用。

（3）下井前要检查绳结在绳帽内的转动情况。

（4）新钢丝下井之前一定先下井预松扭力。

18. 钢丝跳槽的故障有什么现象？故障原因有哪些？如何处理？

故障现象：

在仪器上提或下放过程中，钢丝突然松弛，从滑轮槽内跳出。

故障原因：

（1）下放速度快，突然遇阻。

（2）下放速度慢，钢丝放得太松。

（3）操作不平稳，导致钢丝猛烈跳动。

（4）滑轮不正，未对准绞车或轮边有缺口。

（5）提仪器前，未去掉密封帽上棉纱之类的东西。

处理方法：

下放钢丝一定要平稳操作，控制好刹车。发现跳槽后绞车岗应继续下放钢丝，不能刹车，井口岗立即紧死堵头密封圈，然后将钢丝扶入滑轮槽，并查明跳槽原因。

19. 钢丝拔断的故障有什么现象？故障原因有哪些？如何处理？

故障现象：

上提仪器时，负荷突然增大后又突然降低，钢丝出现松弛现象，起出后钢丝变短，或测试仪器、工具掉入井内。

故障原因：

（1）钢丝质量不好，有砂眼、内伤或死弯。

（2）钢丝使用时间过长，没有及时更换。

（3）绳帽打得不合要求，圆环有裂痕或圆环拉出。

（4）操作不平稳，仪器通过工作筒时速度过快。

（5）仪器在起下过程中突然遇卡，未及时停车或卸掉负荷。

处理方法：

（1）定期检查钢丝质量，定期更换测试钢丝。

（2）钢丝绳结必须打结实，严格检查小圆环有无伤痕，如有伤痕应重新打绳结。

（3）起下过程中随时观察指重器的负荷变化。

（4）操作一定要平稳，禁止猛起、猛放。

（5）在仪器未出工作筒或斜井中上提仪器时，速度不超过 60m/min。

20. 卡钻的故障有什么现象？故障原因有哪些？如何处理？

故障现象：

仪器工具上提过程中，指重器负荷增大，仪器不能上提。

故障原因：

（1）井内有落物，造成仪器卡钻。

（2）分层测试井中的水质不好，有脏物，仪器卡在工作筒内。

（3）工作筒有毛刺，工具、仪器螺钉退扣，下井工具不合格。

（4）出砂或严重结蜡，造成仪器卡钻。

（5）井斜、仪器长，别劲大，管柱变形。

处理方法：

（1）有落物的井，必须打捞落物后，方可下仪器测试。

（2）仪器在上提或下放过程中如有遇卡现象，不硬拔、硬下，应勤活动，慢起下。

（3）仪器通过工作筒时速度要缓慢，通过后再用正常的速度起下，若仪器在工作筒内卡住，不硬拔，勤活动，慢上提。

（4）注意检查下井工具的质量。

（5）起下过程中随时观察指重器的负荷变化。

21. 钢丝在井口关断的故障有什么现象？故障原因有哪些？如何处理？

故障现象：

关阀门时钢丝从测试堵头弹出，测试仪器、工具带部分钢丝掉入井内。

故障原因：

（1）操作人员思想不集中，配合不好将钢丝关断。

（2）转数表失灵或跳字，仪器没有起到防喷管内，既没有听到声音又未进行试探闸板，而关死阀门导致钢丝关断。

（3）测试时井口没有挂牌或把清蜡阀门与总阀门用钢丝绑住后，试井人员离开。采油工关阀门，把钢丝关断，造成钢丝和仪器落入井内。

处理方法：

（1）各岗位密切配合，思想集中，听班长命令方可关闭阀门，用钢丝将井口绑住或挂牌。

（2）仪器起到井口时，一定要先听声音，后试探闸板后，确认仪器进入防喷管后，方可关闭阀门。

（3）进行不关井测压或测恢复压力时，一定要与采油工联系交谈后方可离开。

22. 测试时计数装置突然失灵故障有什么现象？故障原因哪些？如何处理？

故障现象：

测试过程中，计数器出现跳字、卡字或停止计数的现象。

故障原因：

（1）计数器传动软轴断或连接不牢固。

（2）计量轮轴承损坏，导致计量轮不能转动。

（3）冬季施工时，绞车温度过低造成计量轮冰卡或打滑等。

（4）机械计数器内齿轮损坏或卡死或电子计数器线路故障造成断电。

处理方法：

（1）发现转数表失灵，应立即停车，查明原因，并记清已经起下的深度，然后根据实际情况决定起下。

（2）若下仪器时发现失灵，下入深度不多，可将仪器摇至井口，对好转数表后再下；下深较多，可事先计算好还需下入深度，将转数表对零后再下；如分层测试出现则不必停车，可直接将仪器坐入层段后，再检查处理。

（3）上起仪器过程中发现转数表失灵，也应立即停车，查明原因，并记清已经起上的深度，计算好还需上起的深度，将转数表归零后再上起；若还需上起深度不多时，应用手摇将仪器起至井口，防止从井口撞掉仪器发生事故。

23. 钢丝从绞车计量轮处跳槽故障有什么现象？故障原因有哪些？如何处理？

故障现象：

测试过程中，钢丝从计量轮处跳出，计数器不工作。

故障原因：

（1）仪器下放速度快，突然遇阻所致。

（2）下仪器过程中钢丝绷得不紧，突然遇阻，未及时将刹车刹住。

（3）绞车与井口未对正，别劲大。

（4）转数表架子保养做得不好，压紧轮和计量轮咬合不适宜或未将钢丝压紧等导致。

处理方法：

发现跳槽后，绞车岗应继续下放钢丝，不许刹车，并立即通知中间岗和井口岗，井口岗应立即紧死堵头密封圈，中间岗拉住钢丝，绞车岗将钢丝扶入转数表架子量轮槽内，查明跳槽原因后，决定起下仪器。如是压紧轮问题，应调整或更换压紧轮，使之与计量轮咬合紧密。

24. 联动测试时电流变大的故障有什么现象？故障原因有哪些？如何处理？

故障现象：

正常测试时地面控制箱电流表示值超出正常范围，同时控制箱发出过载报警。

故障原因：

（1）电缆头进水，造成短路。

（2）电缆质量原因，造成短路。

（3）绞车电缆滑环接头短路。

（4）井底堵塞器调不动。

（5）井下测调仪有故障。

处理方法：

（1）重新连接电缆头。

（2）更换质量合格的电缆，或找出电缆短路点，视情况切除或更换电缆。

（3）检查滑环接头，找出故障点排除。

（4）打捞出堵塞器，并更换合格的堵塞器。

（5）维修更换井下测调仪。

25. 联动测试井下堵塞器调不动故障有什么现象？故障原因有哪些？如何处理？

故障现象：

对可调堵塞器进行调整时，地面控制箱电流变大，反复调整水量没有明显变化。

故障原因：

（1）可调堵塞器损坏或卡死。

（2）测调仪机械调节臂有故障。

(3) 堵塞器水嘴被卡死。

(4) 测调仪加重不够或堵塞器调节接头内有脏物，造成调节头和堵塞器结合不紧密。

处理方法：

(1) 如是堵塞器损坏，应下入投捞器将损坏的堵塞器捞出，再投入好用的可调堵塞器后，进行调配。

(2) 将测调仪起出，在地面修理好机械调节臂，并进行试调后，再下入井进行调配。

(3) 调节头与堵塞器结合不好，可适当加重，或洗井后重新调配。

26. 注水井联动测调仪故障有什么现象？故障原因有哪些？如何处理？

故障现象：

地面计算机发出操作指令后，井下仪不工作或地面控制箱显示电流值增大。

故障原因：

(1) 密封圈失效或密封胶带不严，致使电缆头进水。

(2) 测试时电流超出电动机的工作电流，致使电动机损坏。

(3) 井底太脏；调节臂内部零件有损坏，或内部污垢过多。

(4) 钢丝绳有断裂或断股的现象。

(5) 密封圈过度磨损或缺损造成测试水量不准。

(6) 各传感器出现故障，或仪器内部集成电路板有损坏。

处理方法：

(1) 更换密封圈。

（2）找出电流过大的原因，排除故障。

（3）分解调节臂，清洗各个零件，更换损坏的零件。

（4）更换新的钢丝绳。

（5）更换密封圈。

（6）检查维修各个部件，如不能使用则更换，重新标定后才能使用。

（7）更换导向锁块或弹簧。

27. 测试车载逆变电源的故障有什么现象？故障原因有哪些？如何处理？

故障现象：

（1）输出电压不稳定。

（2）打开电源开关无反应。

（3）逆变电源工作时，时断时续。

故障原因：

（1）逆变电源稳压功能不正常。

（2）电源开关接触不良或损坏。

（3）车辆颠簸造成接线柱松动。

处理方法：

（1）更换逆变电源稳压器。

（2）重新连接电源开关或更换电源开关。

（3）定期检查接线柱，如有松动及时紧固。

28. 联动测试液压电缆绞车故障有什么现象？故障原因有哪些？如何处理？

故障现象：

（1）拉动操作手柄，控制压力不发生变化。

（2）液压马达转速低。

（3）系统噪声过高。

（4）液压油内有泡沫或气泡。

（5）液压油呈现白色或乳白色。

（6）油量过大，升温过快。

故障原因：

（1）油箱开关未打开或滤油器堵塞。

（2）液压马达或液压泵磨损严重，造成容积效率下降；溢流阀及其他元件失灵，内泄过大。

（3）螺栓松动或系统内存有空气。

（4）吸油管内进入空气。

（5）液压油内有水。

（6）溢流阀损坏，自动卸载造成泵及马达内泄大。

处理方法：

（1）检查油箱阀门和滤油器。

（2）检查液压泵、液压马达、溢流阀等。

（3）检查液压油箱的气泡，旋紧管连接；检查过滤器顶盖上的密封圈否完好；检查马达固定螺栓。

（4）检查旋紧吸油管接头。

（5）更换新的液压油。

29. 测试绞车常见的故障有什么现象？故障原因有哪些？如何处理？

故障现象：

（1）排丝器不工作，电缆或钢丝排列不整齐。

（2）电子计数器或电子指重器不显示。

（3）刹车失灵。

（4）液压动力不足。

（5）滚筒转动不平稳或有异响。

故障原因：

（1）滑块损坏，麻花轴损坏。

（2）连接线断、电源开关有故障或未打开。

（3）刹车带磨损严重或连接件腐蚀、断裂。

（4）油路堵塞、液压油位过低或控制阀调试不当。

（5）滚筒轴承损坏。

处理方法：

（1）更换滑块或麻花轴。

（2）检查电源线路。

（3）检查更换刹车带或连接件。

（4）排除堵塞或加注相同型号液压油，重新调试控制阀。

（5）更换轴承。

30. 影响测试的抽油机常见故障有什么现象？故障原因有哪些？如何处理？

故障现象：

因抽油机电路、设备或深井泵存在问题，而无法进行正常测试。

故障原因：

（1）井筒内壁结蜡，砂卡或衬套乱。

（2）抽油杆的韧性不够或使用时间过长，抽油杆质量有问题。

（3）驴头顶丝没有或松动，驴头有落物落下。

（4）悬绳器脱离抽油杆，悬绳器有电火花。

（5）长时间使用经常大负荷工作造成卡子松，或卡子没有紧固好。

（6）毛辫子使用时间长或毛辫子出槽造成毛辫子断股没

有及时更换，悬绳器无销子。

(7) 配电箱内的电路部分老化或有松动，使用时产生弧光或火球伤人。

(8) 刹车不灵活或无刹车，连杆硬度不够或刹车手柄无法固定。

处理方法：

(1) 采用热洗的方法解除井壁结蜡的现象，采用作业的方法解决砂卡及衬套乱。

(2) 选择质量合格的抽油杆，抽油杆使用一定时间后要及时更换。

(3) 安装驴头顶丝并紧固好，安装完驴头后检查驴头内有无异物或工具。

(4) 悬绳器上安装挡板并上紧，检查配电箱内是否有外接电，并查看有无接地线。

(5) 要经常检查卡子是否松动，如有松动应及时紧固。

(6) 检查毛辫子是否有断股现象，如有应及时更换；给悬绳器安装销子防止毛辫子出槽。

(7) 经常检查电路是否松动或老化，如有松动或老化应及时紧固或更换。

(8) 采用质量合格的刹车杆，对刹车经常进行保养，如果刹车有故障应及时修理。

31. 综合测试仪常见故障有什么现象？故障原因有哪些？如何处理？

故障现象：

(1) 打开载荷位移传感器电源开关，没有蜂鸣音且指示灯无显示。

（2）位移拉线拉不动，拉线有卡阻现象，或所测冲程与实际不相符。

（3）测试时综合测试仪测试功能失效，无法继续操作。

（4）测试液面时，击发发声装置后，主机无反应。

（5）打开套管阀门时，有漏气现象。

（6）测试液面时曲线不合格。

（7）综合测试仪进行通信时无反应。

故障原因：

（1）载荷位移传感器电源开关损坏、电池没有电、开焊或断线。

（2）位移拉线齿轮掉齿，产生位移漂移大。

（3）测试仪在录取资料过程中，出现死机现象。

（4）微音器连接线断或微音器损坏。

（5）井口连接器接头螺纹损坏或放气阀损坏，漏气严重。

（6）增益调整不合理，微音器脏。

（7）因通信电缆或通信端口出现故障，通信失败。

处理方法：

（1）更换电源开关或重新焊接断线。

（2）维修后重新标定。

（3）关机重新开机。

（4）检查微音器连接线进行修复或更换。

（5）更换接头或放气阀，重新测试。

（6）重新调整增益，清洗微音器室及微音器，如有损坏及时更换。

（7）维修或更换通信电缆或通信端口。

32. 液面自动监测仪常见故障有什么现象？故障原因有哪些？如何处理？

故障现象：

（1）控制仪上电后不显示。

（2）液面测试中出现“无井口波”提示语。

（3）液面井口波出现杂乱或无节箍、液面波。

（4）井口波不规则。

（5）液面反射波问题。

（6）通信失败。

故障原因：

（1）电池电压太低。

（2）液面专用信号电缆插头内是否有断线或短路（地线与信号线相碰）。

（3）控制仪上 10 芯插座与信号电缆 10 芯插头接触是否可靠。

（4）微音器性能降低或损坏。

（5）井口装置或微音器室内被灌油。

（6）井口装置上的放气孔被油污或赃物堵塞或变小。

（7）井内套压低，液面较深。

（8）通信电缆及插头座是否正常。

处理方法：

（1）及时充电。

（2）及时送修。

（3）及时清理和更换微音器（清理微音器只能用干布擦，不能用汽油擦）。

（4）定期清理枪击或更换密封圈。

（5）采取气囊打气的方式进行测试。

（6）使用万用表测量电缆的通断。

33. 偏心油井静压资料不合格曲线常见形态有什么现象？异常原因有哪些？如何处理？

故障现象：

图 10 是偏心静压经常出现的测试问题资料。

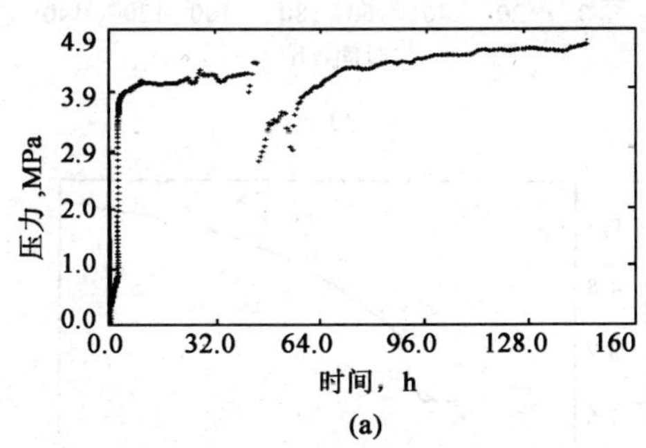

(a)

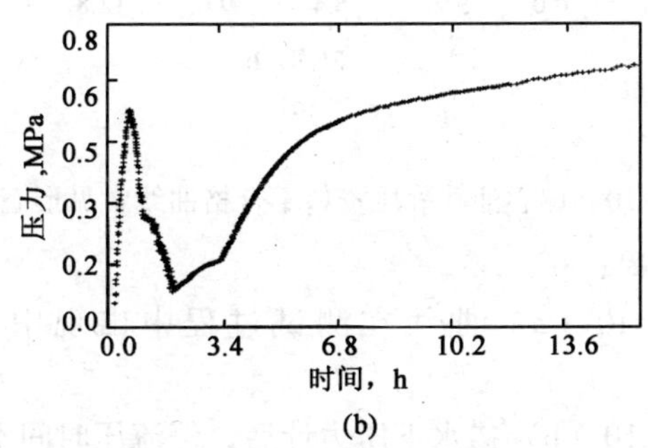

(b)

图 10　偏心油井静压资料不合格曲线常见形态

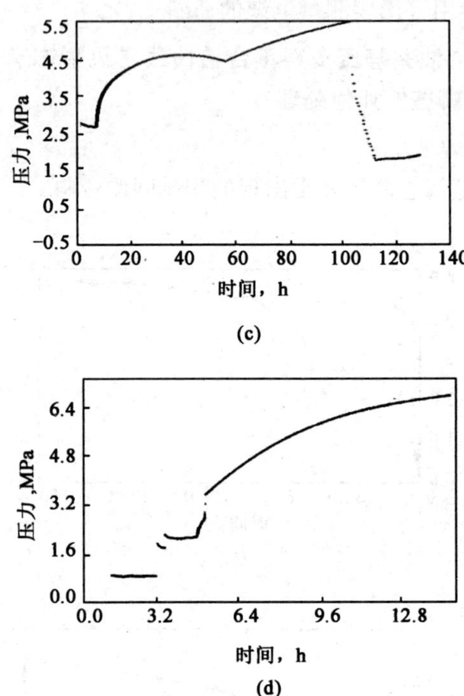

图 10　偏心油井静压资料不合格曲线常见形态

故障原因：

(1) 图 10 (a) 曲线在测试过程中出现中途开井的情况。

(2) 图 10 (b) 掺水下压力计后，停流压时间不够。

(3) 图 10 (c) 压力计没有下入液面。

(4) 图 10 (d) 压力计损坏。

处理方法：

（1）图10（a）通知采油队加强该井在关井时的管理。

（2）图10（b）下压力计时避免掺水，如果掺水要停足够的流压时间。

（3）图10（c）压力计需下到油层中部深度，保证在液面下测试。

（4）图10（d）保存好压力计，防止出新磕碰。